# Reguläre und chaotische Bewegung starrer Körper

Von Prof. Dr. Dr. Vladimir V. Beletsky
Universität Moskau

Mit zahlreichen Bildern

B. G. Teubner Stuttgart 1995

Prof. Dr. Dr. Vladimir V. Beletsky

Geboren 1930 in Irkutsk, UdSSR. Von 1949 bis 1954 Studium an der Lomonosov-Universität, Moskau, Abteilung für Mechanik und Mathematik, 1962 bis 1965 Promotion, 1967 Habilitation. Seit 1954 Forschungsarbeit am Keldysh-Institut für angewandte Mathematik der nationalen Akademie der Wissenschaften als leitender Wissenschaftler, seit 1962 Lehrtätigkeit an der Staatlichen Universität Moskau, z.Zt. als Professor und seit 1992 Mitglied der Internationalen Raumfahrtakademie (IAA). 1992 Alexander-von-Humboldt-Preis und von Mai 1993 bis Mai 1994 Aufenthalt als Gastwissenschaftler an der Technischen Universität München. Seit 1994 Mitglied der Russischen Raumfahrtakademie.

Die Deutsche Bibliothek – CIP-Einheitsaufnahme

**Beleckij, Vladimir V.:**
Reguläre und chaotische Bewegung starrer Körper / von
Vladimir V. Beletsky. – Stuttgart : Teubner, 1995
   (Teubner-Studienbücher Mechanik)
   ISBN 978-3-519-03229-8      ISBN 978-3-322-99603-9 (eBook)
   DOI 10.1007/978-3-322-99603-9

# Vorwort

Das vorliegende Skriptum entstand aus fünf Vorlesungen, die der Verfasser an mehreren Universitäten in Deutschland und Österreich, nämlich an den Technischen Universitäten und Hochschulen in Darmstadt, Duisburg, Hamburg-Harburg, Hannover, Karlsruhe, München, Stuttgart und Wien während seiner Besuche in den Jahren 1989, 1991, 1993/94 gehalten hat.

Diese Vorlesungen waren für die wissenschaftlichen Mitarbeiter der jeweiligen Institute und für Studenten in höheren Semestern gedacht und beinhalten vor allem Probleme der angewandten Dynamik, wie zum Beispiel die Modellierung der Dynamik, Energetik und Steuerung des zweibeinigen Gehens, reguläre und chaotische Bewegungen des Oberkörpers einer zweibeinigen Gehmaschine, reguläre und chaotische Bewegungen beim Problem der Satellitenorientierung im Magnet- oder Gravitationsfeld mit ein oder zwei Zentren, und die Evolution der räumlichen Drehbewegung eines Sonnensatelliten.

Besondere Aufmerksamkeit wurde der Stabilitätsanalyse gewidmet. Mit ihrer Hilfe wurden in diesem Zusammenhang die Stabilisierung des zweibeinigen Gehens, das Problem der stabilen Bewegung einer Kugel und eines Körpers unter gegenseitiger Gravitation und die Stabilität eines auf einer Kreisbahn umlaufenden Satelliten untersucht. Schließlich beinhalten die Vorlesungen noch eine Analyse der Dynamik von elektromagnetischen oder aerodynamischen Seilsystemen auf Umlaufbahnen und das sehr interessante Problem der regulären und chaotischen Bewegung eines Fadenpendels.

Die in den ersten vier Vorlesungen vorgestellten Ergebnisse sind von mir und meinen Schülern in den letzten Jahren erarbeitet worden. Im letzten Teil erhält man gewisse Resultate meiner vieljährigen (seit 1956) Untersuchungen über die Probleme der Drehbewegung des Himmelskörpers. Jede Vorlesung hat eine in sich geschlossene Formel- und Bildernumerierung und kann unabhängig von den anderen gelesen werden.

Für die Durchsicht des Manuskriptes sowie für manche wertvolle Hinweise danke ich Herrn Dipl.-Ing. Ch. Glocker, der Mitarbeiter am Lehrstuhl B für Mechanik der Technischen Universität München ist. Einen besonderen Dank schulde ich Herrn Prof. Dr.-Ing. F. Pfeiffer für die Anregung, diese Vorlesungen als Skriptum erscheinen zu lassen, und für die Aufmerksamkeit und Hilfe, die er mir während meiner Mitarbeit als Alexander von Humboldt-Preisträger am Lehrstuhl B für Mechanik der Technischen Universität München zukommen ließ.

Schließlich möchte ich mich bei der Alexander von Humboldt Stiftung bedanken, die es mir ermöglichte, diese Arbeit durchzuführen.

Vladimir Beletsky

# INHALT


Vorlesung 1    Zweibeiniges Gehen                                           1
               Literaturverzeichnis zur Vorlesung 1                        30

Vorlesung 2    Reguläre und chaotische Bewegungen beim Problem
               der Satellitenorientierung                                  31
               Literaturverzeichnis zur Vorlesung 2                        65

Vorlesung 3    Angewandte Probleme der Stabilität                          66
               Literaturverzeichnis zur Vorlesung 3                        88

Vorlesung 4    Billard im Gravitationsfeld: Reguläre und
               chaotische Bewegungen                                       89
               Literaturverzeichnis zur Vorlesung 4                       120

Vorlesung 5    Ausblick auf die Drehbewegung von Himmelskörpern           121
               Literaturverzeichnis zur Vorlesung 5                       148

# Vorlesung 1
# Zweibeiniges Gehen

**Inhalt:**

1. Modellprobleme der Dynamik und Energetik

2. Modellprobleme der Steuerung des zweibeinigen Gehens

3. Reguläre und chaotische Bewegungen des Oberkörpers einer zweibeinigen Gehmaschine

4. Die Bewegungsgleichungen für die dreidimensionale Bewegung des Oberkörpers einer zweibeinigen Gehmaschine

## 1 Modellprobleme der Dynamik und Energetik

Dieser Abschnitt bezieht sich auf die Probleme der Dynamik des zweibeinigen Gehens, des Energieaufwandes für das Gehen und der Stabilisierung. Diese Fragen sind sehr aktuell im Sinne der Untersuchung des Potentials von zweibeinigen Robotern sowie biologischen zweibeinigen Wesen.

Die Dynamik eines Lokomotionssystems kann z.B. durch Lagrange-Gleichungen beschrieben, und der Bewegungsenergieaufwand als Arbeit generalisierter Kräfte ermittelt werden. Diese Methode der mathematischen Modellierung ist im Prinzip richtig, aber kompliziert. Es wäre sinnvoll, die Untersuchung mit einfachsten mathematischen Modellen zu beginnen. Solch eine Möglichkeit wird durch allgemeine Theoreme der Mechanik geboten:

$$m\ddot{\boldsymbol{r}} = \boldsymbol{R} \times \boldsymbol{P} \ , \tag{1}$$

$$\dot{\boldsymbol{K}} = \boldsymbol{R} \times \boldsymbol{r} + \boldsymbol{M} \ . \tag{2}$$

Diese Theoreme beschreiben die Bewegung $\boldsymbol{r}(t)$ des Massenmittelpunktes des Systems, und die Änderung des Dralls $\boldsymbol{K}$ durch die Reaktionskräfte $\boldsymbol{R}$ der Stütze und des Systemgewichtes $\boldsymbol{P}$. Speziell ist $m$ die Masse des Systems, $\boldsymbol{r}$ der Vektor vom Stützpunkt zum Massenmittelpunkt, und $\boldsymbol{M}$ ein Steuermoment im Stützpunkt, das für gewöhnlich Null ist, $\boldsymbol{M} = 0$.

Die Arbeit $E$, die für die Lageveränderung des Systems aufgewendet wird, kann annähernd durch ein Aggregat von drei Komponenten angegeben werden: Den Aufwand für die Lageveränderung des Massenmittelpunktes ($E_C$), für die Verstellung des übertragenden Beines ($E_B$), und für die Änderung des Dralls ($E_K$):

$$E = E_C + E_B + E_K \tag{3}$$

In diesem Modell fungieren die Reaktionen der Stütze als Steuerungen. Die Arbeit zur Lageveränderung des Massenmittelpunktes setzt sich aus der Arbeit der Reaktionskraft in radialer ($R_r$) und transversaler ($R_\tau$) Richtung zusammen:

$$E_C = \int_0^P \left\{ |R_r \dot{r}| + \left| R_\tau r \dot{\Theta} \right| \right\} dt \tag{4}$$

Dabei sind $r, \Theta$ die Polarkoordinaten des Massenmittelpunktes.

Mit Hilfe von (1), (3)-(4) wollen wir nun drei Bewegungsarten betrachten:

1. Pendelgehen (langsames Gehen) (Bild 1a)

   Der Massenmittelpunkt bewegt sich relativ zum Stützpunkt wie ein stehendes mathematisches Pendel.

   Hier sind

$$r = l = \text{const}; \quad \ddot{\Theta} - \frac{g}{l} \sin \Theta = 0 \tag{5}$$

   Das Pendelgehen existiert, wenn

$$V_*^2 < gH \ , \tag{6}$$

   wobei $V_*$ eine Höchstgeschwindigkeit ist.

2. Sportgehen (schnelles Gehen) (Bild 1b)

   Der Massenmittelpunkt bewegt sich geradlinig, aber ungleichmäßig:

$$z = H = \text{const}; \quad \ddot{x} - \frac{g}{M} x = 0 \ . \tag{7}$$

3. Laufen (Bild 1c)

   Der Massenmittelpunkt fliegt längs des Parabelbogens:

$$\dot{x} = V = \text{const}; \quad \ddot{z} = -g \tag{8}$$

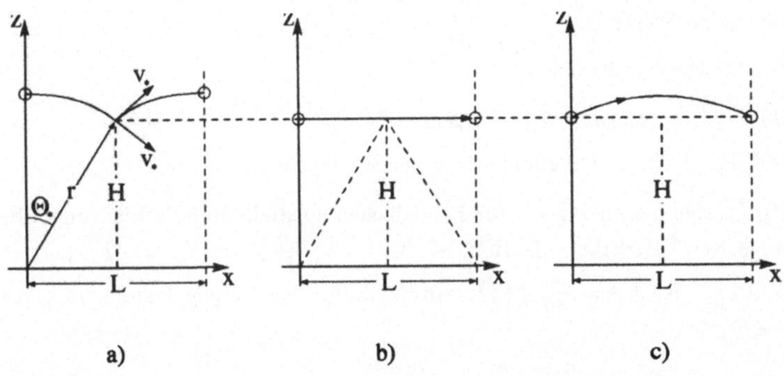



**Bild 1**

Tabelle 1 zeigt die spezifische Arbeit

$$E_* = \frac{E_C}{PL} \, , \tag{9}$$

die für die Bewegungen des Massenmittelpunktes des Systems aufgewendet werden muß.  Die Formeln enthalten Froud-Zahlen (dimensionslose Geschwindigkeiten) $Fr$ und $Fr_*$ für die mittlere Geschwindigkeit ($V$) und Höchstgeschwindigkeit ($V_*$):

$$Fr = V/\sqrt{gH} \, , \quad Fr_* = V_*/\sqrt{gH} \, , \quad Fr < Fr_* \tag{10}$$

Die in Tabelle 1 stehenden Werte wurden auf folgende Weise berechnet:

1. Für Pendelgehen gilt $E_C = 0$ für $0 < t < T$ und $E_C \neq 0$ nur für $t = 0$ und $t = \tau$ (Impulssteuerung). Die Anfangs- und Endgeschwindigkeiten sind $V_*^{(1)}$ bzw. $V_*^{(2)}, \left| V_*^{(1)} \right| = \left| V_*^{(2)} \right| \triangleq V_*$. Durch die Anfangs- und Endimpulssteuerung $V'$ bzw.

$V''$, die längs der Beine wirkt, muß der Übergang von $V_*^{(1)}$ nach $V_*^{(2)}$ erfolgen. Man sieht daraus, daß $|V'| = |V''| \overset{\triangle}{=} V_s$, wobei $V_s = V_* tg\Theta$, $tg\Theta = L/2H$ gilt. Darum ist $E_C = 2\left(\frac{mV_s^2}{2}\right) = \frac{PL^2}{4H}\left(\frac{V_*^2}{gH}\right)$. Daraus folgen die in der Tabelle 1 stehenden Werte $E_*$.

2. Für Sportgehen haben wir

$$E_C = \int_{-T/2}^{T/2} |R_r \dot{r}|\, dt = 2\int_0^{T/2} R_r \dot{r}\, dt = \frac{2P}{H}\int_H^{\sqrt{H^2+(L/2)^2}} r\, dr = \frac{PL^2}{4H} \ ,$$

und damit die in der Tabelle 1 stehenden Werte $E_*$.

3. Für Laufen haben wir wie für Pendelgehen ebenfalls Impulssteuerung, allerdings längs der Vertikalen. Darum ist $E_C = 2\left(\frac{m\dot{z}_0^2}{2}\right)$ mit $\dot{z}_0 = gT/2$, $T = L/V$. Deswegen ist $E_C = \frac{PL^2}{4H}\left(\frac{gH}{V^2}\right)$, woraus die in der Tabelle 1 stehenden Werte $E_*$ folgen.

| Bewegungsart | 1. | 2. | 3. |
|---|---|---|---|
| $E_*$ | $\dfrac{L}{4H}Fr_*^2$ | $\dfrac{L}{4H}$ | $\dfrac{L}{4H}\cdot\dfrac{1}{Fr^2}$ |
| min $E_*$–Gebiet | $Fr < Fr_* < 1$ | $Fr < 1 < Fr_*$ | $1 < Fr < Fr_*$ |
| $E_*$ für $Fr^2 \sim 0.1$, $\frac{L}{H} \sim 0.8$ | 0.02 | 0.2 | 2.0 |

**Tabelle 1**

Tabelle 1 zeigt auch, für welche Froud-Zahl-Bereiche die jeweiligen Bewegungsarten mit minimaler Arbeit $E_*$ durchgeführt werden können.

Die wichtigste Schlußfolgerung ist wie folgt: Wenn die Froud-Zahl kleiner als Eins ist, ist es energetisch vorteilhafter zu gehen. Wenn die Froud-Zahl größer als Eins ist, ist es energetisch vorteilhafter zu laufen.

Beim Mensch entspricht $Fr = 1$ ungefähr einer Geschwindigkeit von 10 Stundenkilometern. Dies ist die normale Geschwindigkeit beim Sportgehen. Die Höchstgeschwindigkeit beim Sportgehen ist größer als 15 Stundenkilometer. Dort liegt allerdings das

Hauptziel nicht darin, sich energetisch minimal zu bewegen, sondern eine Goldmedaille zu bekommen.

Nun wollen wir den Energiezusatz für die Verstellung des übertragenden Beines mit in Betracht ziehen. Damit haben wir für die Bewegungsarten 1., 2., 3.:

$$E_*^\sigma = \frac{E_c + E_B}{PL} = \mu\frac{HFr^2}{L} + \begin{cases} \dfrac{L}{4H}Fr_*^2 & , \quad (1.) \\[2ex] \dfrac{L}{4H} & , \quad (2.) \\[2ex] \dfrac{L}{4H}\cdot\dfrac{1}{Fr^2} & , \quad (3.) \end{cases} \qquad (11)$$

Hier ist $\mu$ das Verhältnis von Beinmasse zu Systemmasse. Die Struktur der Formeln (11) zeigt, daß es eine optimale Schrittlänge $L_{opt}$ und eine optimale Größe der spezifischen Arbeit $E_{*opt}$ gibt (Tabelle 2).

| Bewegungsart | 1. | 2. | 3. |
|---|---|---|---|
| $L_{opt}$ | $2\sqrt{\mu}H\dfrac{Fr}{Fr_*}$ | $2\sqrt{\mu}HFr$ | $2\sqrt{\mu}HFr^2$ |
| $E_{*opt}$ | $2\sqrt{\mu}Fr\,Fr_*$ | $\sqrt{\mu}Fr$ | $\sqrt{\mu}$ |
| $\min E_*$–Gebiet | $Fr < Fr_* < 1$ | $Fr < 1 < Fr_*$ | $1 < Fr < Fr_*$ |

**Tabelle 2**

Unter diesen Voraussetzungen kann wiederum gefolgert werden:

Es ist energetisch vorteilhafter zu gehen, wenn die Froud-Zahl kleiner als Eins ist, und es ist energetisch vorteilhafter zu laufen, wenn die Froud-Zahl größer als Eins ist.

Bild 2 zeigt die Abhängigkeit der optimalen spezifischen Arbeit von der Froud-Zahl.

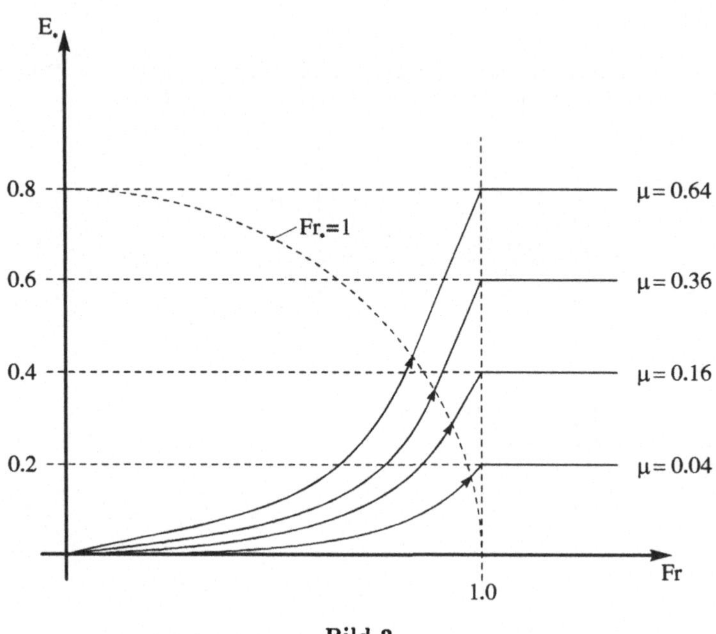


**Bild 2**

Die drei Diagrammabschnitte entsprechen den drei oben genannten Bewegungsarten: Pendelgehen (langsam), Sportgehen (schnell) und Laufen.

Daraus folgt, daß zum Beispiel der Mensch bei einer Geschwindigkeit von 4,5 Stundenkilometern (langsames Gehen) eine Leistung von 100 Watt verbraucht. Der Mensch, der mit einer Geschwindigkeit von 14,5 Stundenkilometern läuft, verbraucht eine Leistung von 1500 Watt. Der Tyrannosaurus, eine zweibeinige Raubechse der Kreideperiode, verbrauchte 150 Kilowatt beim Gehen mit einer Geschwindigkeit von 15 Stundenkilometern (schnelles Gehen).

Welch eine Rolle spielt das betrachtete Modell? Das nächste Bild (Bild 3) zeigt eine Reihe von Energiekurven, die nach Lagrange-Gleichungen für mehrgliedrige Modelle beim Gehen und Laufen mit Konstantschritten errechnet wurden.

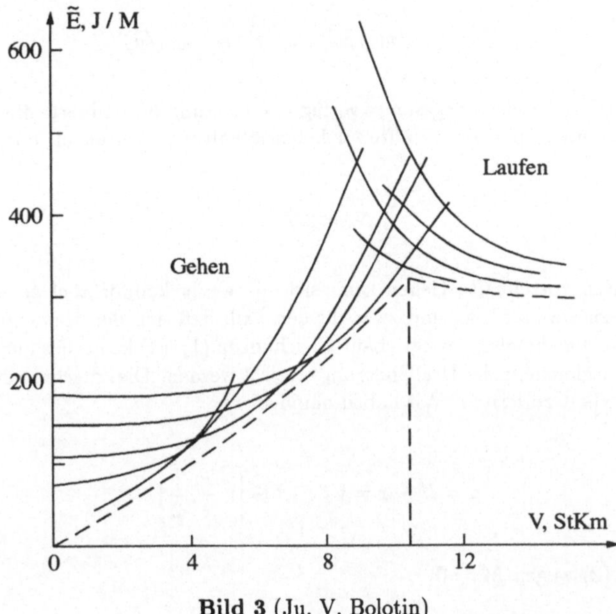


**Bild 3** (Ju. V. Bolotin)

Die Einhüllende dieser Kurven stimmt faktisch mit der Modellenergiekurve überein, die auf dem vorhergehenden Bild 2 gezeigt ist.

Bei einem biomechanischen System ist es notwendig, den Arbeitsaufwand für die Lebenserhaltung zu berücksichtigen. Es wäre korrekt, anzunehmen, daß die Leistung $N_0$ des Prozesses der Lebenserhaltung konstant ist. Dies wird durch den letzten Summanden in der Formel der spezifischen Arbeit beschrieben:

$$E_*^\sigma = \frac{s}{2} + \mu \frac{Fr^2}{2s} + \frac{n_0}{Fr} \, , \tag{12}$$

mit

$$s = \frac{L}{2H} \, , \quad Fr = \frac{V}{\sqrt{gH}} \quad n_0 = \frac{N_0}{P\sqrt{gH}} \, . \tag{13}$$

Aus der Formel (12) ist es ersichtlich, daß es eine optimale Schrittlänge und eine optimale Geschwindigkeit des Gehens des biomechanischen Systems gibt, nämlich

$$\min E_*^\sigma \Rightarrow s = (n_0\sqrt{\mu})^{1/2} \ , \quad Fr = (n_0/\sqrt{\mu})^{1/2} \ . \tag{14}$$

Im optimalen Prozeß wird die gesamte verfügbare Leistung $N_\sigma$ halbiert: die eine Hälfte wird für Bewegung, die andere Hälfte für Lebenserhaltung verbraucht, und darum ist

$$N_\sigma = 2N_0 \ . \tag{15}$$

Das energetisch vorteilhafte Gehen kann sich als wenig komfortabel erweisen. Wir wollen nun Komfort fordern, und zwar für den Fall, daß sich der Massenmittelpunkt geradlinig und gleichmäßig bewegt. Laut Gleichungen (1), (2) kann dies nur durch eine bestimmte Ausgleichung der Dralländerung erreicht werden. Dies macht es erforderlich, zusätzliche Arbeit zu leisten. Wir haben nämlich

$$z = H \quad x = Vt \ , \quad t \in \left[-\frac{T}{2}, \frac{T}{2}\right] \tag{16}$$

und mit (1), (2) wegen $\boldsymbol{M} = 0$:

$$\boldsymbol{R} = -\boldsymbol{P} \ , \quad \dot{K} = M_\Theta \ , \quad M_\Theta = PVt \ , \quad t \in \left[-\frac{T}{2}, \frac{T}{2}\right] \ . \tag{17}$$

Wenn ein Zweibeinapparat als starrer Körper mit einem Paar masseloser Beine modelliert wird, und der Abstand vom Massenmittelpunkt bis zum Aufhängepunkt gleich null ist, dann gilt

$$K = J\dot{\Theta} \ . \tag{18}$$

In (18) ist $J$ das Trägheitsmoment des Oberkörpers bezüglich des Massenmittelpunktes, und $\dot{\Theta}$ die Winkelgeschwindigkeit des Oberkörpers. Die Gleichungen (17) haben dann eine periodische Lösung

$$\Theta = \Theta_0 + \frac{PV}{6J}t\left(t^2 - \frac{T^2}{4}\right) \ , \quad t \in \left[-\frac{T}{2}, \frac{T}{2}\right] \ . \tag{19}$$

Damit haben wir $E_C$ aus (4), wo $t \in \left[-\frac{T}{2}, \frac{T}{2}\right]$, und auch

$$E_* = \frac{E_C + E_K}{PL} \; , \quad E_K = \int_{-T/2}^{T/2} \left| M_\Theta \dot{\Theta} \right| dt \; . \tag{20}$$

Laut (4), (16) - (20) ergibt sich

$$E_* = \frac{L}{4H}(\sigma\kappa) \; , \tag{21}$$

$$\sigma = \frac{1}{s^2}\ln(1 + s^2)^2 \; ; \quad 0 \leq \sigma \leq 2 \; ; \quad s = L/2H \; ;$$

$$\kappa = \frac{5}{144}\frac{HPL^2}{JV^2} \; ; \quad 0 < \kappa < \infty \; .$$

Es gilt nämlich $E = E_C + E_K$, wobei $E_C = \int_{-T/2}^{T/2}\{|R_r\dot{r}| + |R_\tau r\dot{\varphi}|\}\,dt$, $E_K = \int_{-T/2}^{T/2}\left|M_\Theta \dot{\Theta}\right|\,dt$ ist. Hier sind $R_r = P\frac{H}{r}$, $R_\tau = -P\frac{x}{r}$, $r = \sqrt{H^2 + x^2}$, $\dot{r} = V\frac{x}{r}$, $r\dot{\varphi} = V\frac{H}{r}$, $x = Vt$, $t \in \left[-\frac{T}{2}, \frac{T}{2}\right]$. Weiter haben wir $J\frac{d^2\Theta}{dt^2} = M_\Theta = P_x$. Daraus folgt für periodische Bewegungen $\Theta = \frac{PV}{2J}\left[t^2 - \frac{1}{3}\left(\frac{T}{2}\right)^2\right]$. Berücksichtigen wir alle diese Werte, dann erhalten wir damit (21).

Für den anthropomorphischen Apparat ist $\sigma \sim 2$, $\kappa \sim 1$, und darum ist der gesamte Arbeitsaufwand für solches Gehen dreimal größer als für "Sportgehen". Komfort muß also mit Energieverlust bezahlt werden.

Auf der Suche nach einem Kompromiß zwischen den erforderlichen energetischen Vorteilen und dem gewünschten Komfort ist die folgende Aufgabe gestellt worden [1]:

Wir wollen irgendeinen fixierten Punkt des Körpers sich komfortabel bewegen lassen. Damit bekommen wir unterschiedliche Bewegungsenergieaufwände für unterschiedliche Punkte. Gesucht ist nun ein Punkt mit minimalem Energieaufwand.

Bild 4 zeigt ein Koordinatensystem, das mit dem Körper fest verbunden ist. Punkt $C$ ist der Massenmittelpunkt, Punkt 0 der Aufhängepunkt beider Beine. In diesem System sind Linien gleicher Werte des Energieaufwandes für Komfort dargestellt.

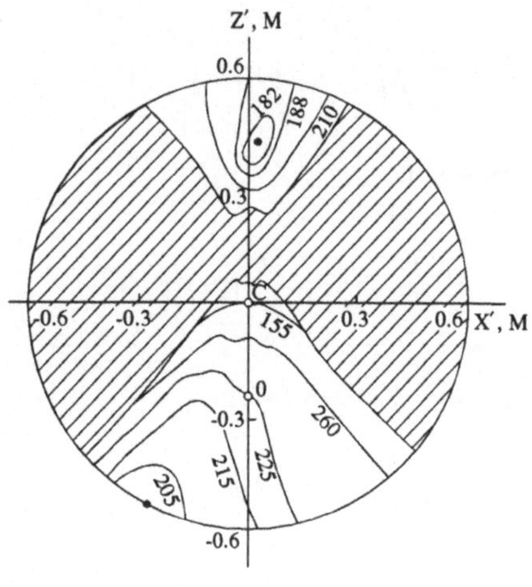


**Bild 4**

Schraffiert ist der Teil des Körpers, für dessen Punkte das Komfortproblem gar keine Lösung hat. Man sieht, daß dem minimalen Energieaufwand der "Kopfteil" entspricht. Es ist also nicht nur angenehm, sondern auch energetisch vorteilhaft, den Kopf komfortabel zu tragen.

Bisher wurde das Modell "Fester Körper auf masselosen Beinen" berechnet. Jetzt soll das Problem des ebenen zweibeinigen Gehens mit Hilfe dieses Modells betrachtet werden.

## 2 Modellprobleme der Steuerung des zweibeinigen Gehens

Ein starrer Körper mit einem Paar masseloser Beine ohne Füße modelliert einen Zweibeinapparat (Bild 5). Die Gehbewegung bestehe nur aus Stützphasen mit jeweils einem Bein. Der Kontakt eines Beines mit dem Boden sei punktförmig.

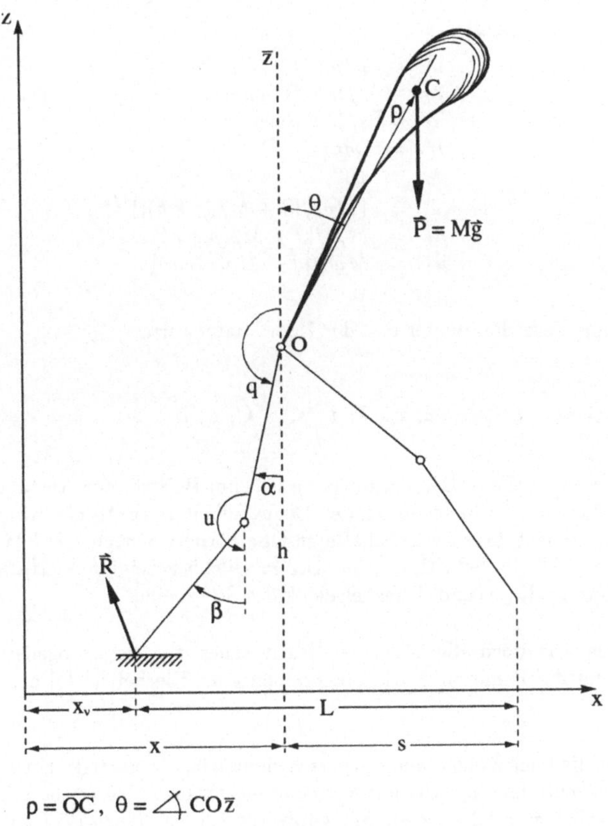


**Bild 5**

Die nichtlineare Gleichung der Körperschwingung bei der horizontalen Bewegung des Aufhängepunktes der Beine lautet [1]:

$$[1 + \mu_2(\cos\Theta - 1) + \mu_1(\lambda\varphi(\tau) + \kappa)\sin\Theta]\,\Theta'' +$$
$$+\,[\mu_1(\lambda\varphi(\tau) + \kappa)\cos\Theta - \mu_2\sin\Theta]\,\Theta'^2 - \tag{22}$$
$$-\,\sin\Theta + [\mu_1\cos\Theta + \mu_2]\,\kappa'' - (\lambda\varphi(\tau) + \kappa) = 0\;.$$

Hier sind

$$\begin{aligned}
\lambda\varphi(\tau) + \kappa &= (x - x_\nu)/\rho\;;\\
\lambda &= L/\rho\;;\\
\varphi(\tau) &= \tau/\tau_0 - [\tau/\tau_0] - \alpha\;;\\
\alpha &= s/L = \text{const}\;;\\
d\tau &= \omega dt\;;\\
\tau_0 &= \omega T\;;\\
\omega &= \{Mg\rho/[J + M\rho(\rho + h)]\}^{1/2}\;;\\
\mu_1 &= M\rho^2/[J + M\rho(\rho + h)]\;;\\
\mu_2 &= M\rho h/[J + M\rho(\rho + h)]\;.
\end{aligned} \tag{23}$$

Die Bedeutung dieser Parameter und der Koordinatenwerte

$$x,\; x_\nu,\; h,\; L,\; s,\; \rho,\; \Theta,\; \alpha,\; \beta \tag{24}$$

ist aus Bild 5 zu ersehen. Der Parameter $\rho$ ist zum Beispiel der Abstand vom Massenmittelpunkt zum Aufhängepunkt der Beine. Weiter ist $M$ die Körpermasse, $J$ das Trägheitsmoment des schwerebehafteten Oberkörpers bezüglich des Massenmittelpunktes, und $T$ ist die Schrittperiode. Die in Bild 5 gezeigten Werte $u, q$ sind die Steuermomente im Knie- und Schenkelgelenk des Stützbeines.

Weiter führen wir noch die bezogene Schrittdauer $\tau_0$, die bezogenen Parameter $\lambda, \alpha, \mu_1, \mu_2$ und die Funktion $\varphi$ wie beschrieben ein. Hierbei sei $[z]$ der ganzzahlige Teil von $z$.

Damit haben die Gleichungen der Körperschwingungen die gezeigte Form (22). Diese Gleichung ist nichtlinear, nichthamiltonsch und besitzt für $\kappa \equiv 0$ periodisch wechselnde unstetige Koeffizienten (Beiwerte). Sie wurde von mir im Jahre 1974 aufgestellt und von vielen Autoren untersucht.

Die Bewegungsgleichung (22) beschreibt Körperschwingungen bei gegebener fortschreitender Bewegung $x(t)$, $z = h$ des Punktes der Beinaufhängung und gegebenem Prozeß $(\alpha, \beta, x_\nu)$ des Aufstellens des Beines auf die Oberfläche. Es werden periodische Körperschwingungen gesucht. Danach können die Steuerungsgrößen in den Gelenken und die Arbeit, die für Bewegung aufgewendet wird, errechnet werden.

Wenn die horizontale Bewegung des Aufhängepunktes regelmäßig ist (d.h. $\kappa \equiv 0$), bezeichnet man die Bewegung als komfortabel. Bei komfortablem Gehen besitzt die nichtlineare Gleichung (22) der Körperschwingungen eine periodische Lösung

$$\Theta = \hat{\Theta}(\tau) , \quad \hat{\Theta}(\tau + \tau_0) = \hat{\Theta}(\tau) , \tag{25}$$

die im allgemeinen instabil ist.

Man kann jedoch sowohl die Körperschwingungen als auch die horizontale Translationsbewegung stabilisieren [2]. Dafür wurde ein linearer Steuerungsalgorithmus mit Rückführung entworfen. Die notwendigen Steuermomente in den Schenkel- und Kniegelenken werden als explizite Ausdrücke synthetisiert.

Wir wollen jetzt die Gleichung der Körperschwingungen durch eine Regelungsgleichung ergänzen. Die Regelung gewährleistet eine Stabilisierung der fortschreitenden und schwingenden Bewegung des Apparats, wenn Rückführungsfaktoren (Regelungsfaktoren) aus dem Stabilitätsbereich gewählt werden.

Mit

$$\vartheta = \Theta - \hat{\Theta}(\tau) \tag{26}$$

lauten die linearen Bewegungs- und Rückführungsgleichungen

$$\begin{aligned} \vartheta'' + (\sigma\chi_0 - 1)\vartheta + (\sigma\chi_1 - 1)\kappa &= 0 \\ \kappa'' - \chi_0\vartheta - \chi_1\kappa &= 0 \end{aligned} \tag{27}$$

Hierbei sind $\chi_0, \chi_1$ Rückführungsfaktoren, und $\sigma = \mu_1 + \mu_2 < 1$. Damit lauten die Stabilitätsbedingungen:

$$\begin{aligned} &\sigma\chi_0 - \chi_1 - 1 > 0 ; \\ &\chi_1 > \chi_0 ; \\ &(\sigma\chi_0 - \chi_1 - 1)^2 - 4(\chi_1 - \chi_0) > 0 . \end{aligned} \tag{28}$$

Bild 6 zeigt das Stabilitätsgebiet in der $\chi_0, \chi_1$-Ebene (schraffierter Bereich).

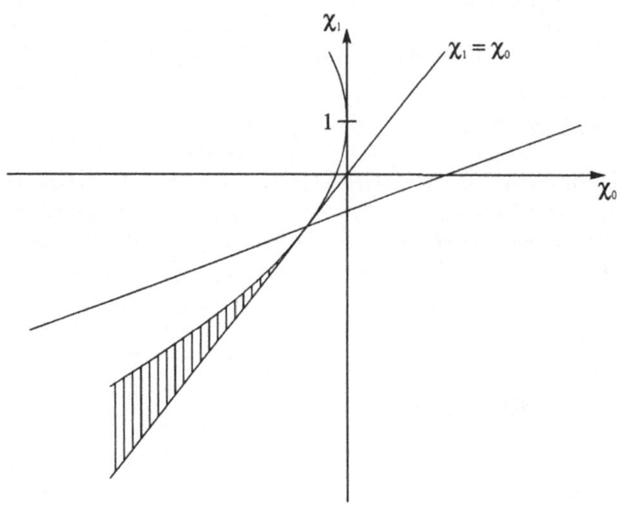


**Bild 6**

Wir diskutieren nun den Energieaufwand für $N$ Schritte,

$$w = \frac{1}{NL} \int_0^{NT} \left[ \left| q(\dot{\Theta} - \dot{\alpha}) \right| + \left| u(\dot{\alpha} - \dot{\beta}) \right| \right] dt \ . \tag{29}$$

Bild 7 zeigt die Abhängigkeit des Energieaufwandes von den Anfangsbedingungen. Extremwerte entsprechen periodischen Verhältnissen. Ein Minimum des Energieaufwandes entspricht den stabilen (stabilisierten) periodischen Bewegungen. Dieses Resultat ist von vornherein nicht offensichtlich. Die periodischen stabilen Verhältnisse sind also energetisch vorteilhafter als willkürliches Verhalten.

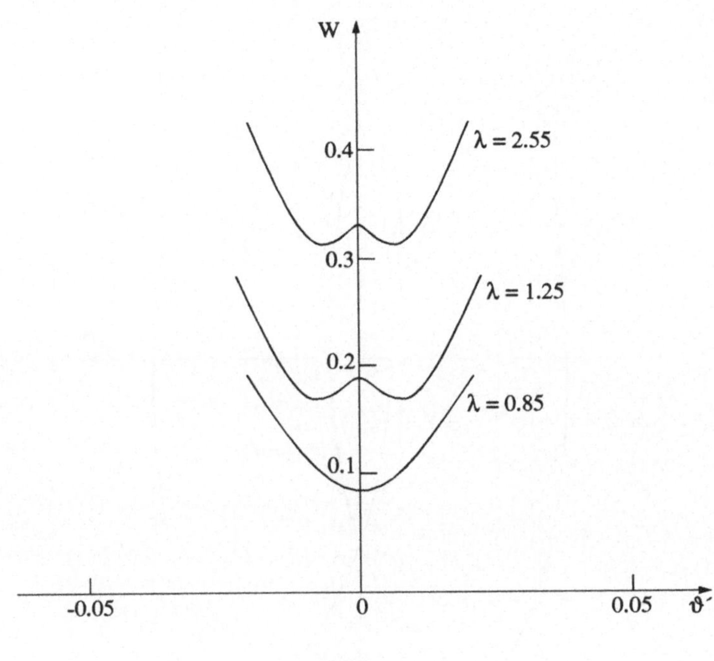



**Bild 7**

Bei einer Parameteränderung setzt eine Bifurkation mit Periodenverdoppelung der Körperschwingungen ein. Diese Bifurkation und die damit verbundene Entstehung neuer periodischer Bewegungen tritt ein, weil diese energetisch besser sind als der Zustand komfortablen Gehens.

Eine dieser neuen Bewegungen ist in Bild 8 dargestellt.

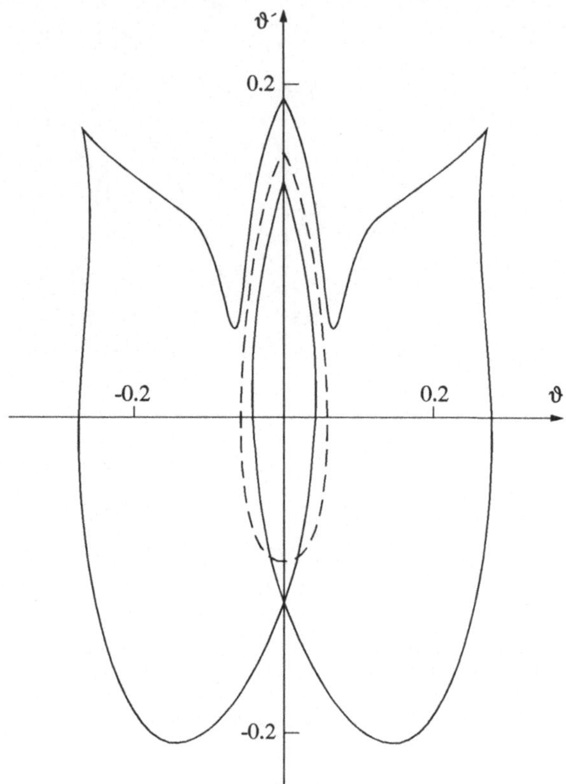

**Bild 8**

Bild 8 zeigt in der Phasenebene zwei periodische Schwingungszustände des Körpers. Neben der punktiert gezeichneten Standardschwingung (Einschritt-Periode) ist eine vierperiodische Schwingung des Körpers (Vierschritt-Periode) dargestellt.   Diese Zustände wurden durch Minimierung des Funktionals (29) des Energieaufwandes ermittelt, wie es in Bild 7 gezeigt wurde.

# 3  Reguläre und chaotische Bewegung des Oberkörpers einer zweibeinigen Gehmaschine

Zum Schluß wird das Problem regulärer und chaotischer Bewegungen des Oberkörpers einer zweibeinigen Gehmaschine zusammen mit einigen Phasenbildern von Punktabbildungen der Körperschwingungen mit stabilen und chaotischen Bewegungsverhältnissen betrachtet [3] - [5]. Dieses Problem wurde von mir gemeinsam mit Dr. M.L. Pivovarov untersucht.

Die folgenden Bilder entsprechen der natürlichen nichtstabilisierten Bewegung. Dies bedeutet, daß die Steuermomente im Knie- und Schenkelgelenk des Stützbeines nur zur Herstellung einer regelmäßigen geradlinigen (komfortablen) Bewegung des Aufhänge-punktes der Beine benutzt werden, $\kappa = 0$ in Gleichung (22).

Unter der Einwirkung des auf diese Weise bestimmten Moments im Schenkelgelenk bewegt sich der schwerebehaftete Oberkörper des Apparates verschiedenartig. Die Bewegung wird dabei mit Hilfe der Methode der Punktabbildung von Poincare in der Phasenebene beschrieben, wobei die Abbildungen zum Anfang jedes Schrittes erfolgen. Die regulären und chaotischen Bewegungen und ihre Evolution bei Parameteränderung werden dargestellt.

Betrachten wir die Gleichung (22) mit $\kappa \equiv 0$. Diese Gleichung ist nichtlinear, nichthamiltonsch und besitzt periodisch wechselnde unstetige Koeffizienten (Beiwerte).

Im folgenden werden die Parameterwerte $\mu_1 = 0.2$, $\mu_2 = 0.3$ angenommen. Sind die Werte von $\alpha$ und $\tau_0$ nicht explizit angegeben, so ist $\alpha = 0.5$ und $\tau_0 = 1.0$. (Die Bewegungen für $\alpha \neq 0.5$ unterscheiden sich sehr stark von dem Fall $\alpha = 0.5$.) Der Parameter $\lambda$ ändert sich von Bild zu Bild.

In den Bildern entspricht die Horizontalachse der $\vartheta$-Variablen, bzw. die Vertikalachse der $\vartheta'$-Variablen.

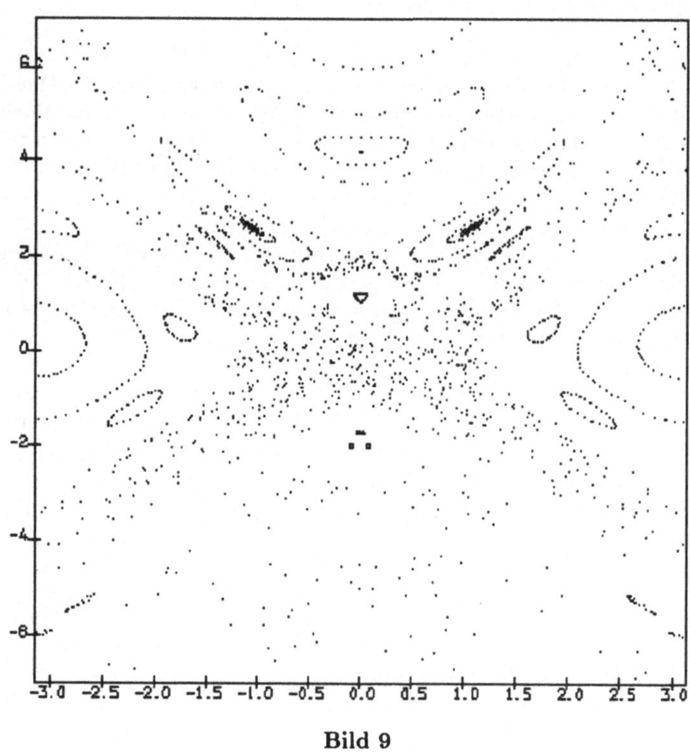

**Bild 9**

**Bild 9** $\lambda = 1$.   Kleiner Schritt, kleine Geschwindigkeit. In diesem Fall sind Körperbewegungen mit "Kopf nach unten" und verschiedene periodische Körperdrehungen
stabil. Viele Inseln erscheinen im Meer des Chaos. Es existiert die stabile einperiodische Bewegung "Kopf unten" (Ein-Schritt-Periode).

In ihrer Umgebung bemerkt man eine stabile fünfperiodische Bewegung "Kopf
unten" (Fünf-Schritt-Periode).  Die große Insel mit dem Mittelpunkt ($\vartheta = 0$,
$\vartheta' = 4$) entspricht der periodischen Rotation des Körpers mit Ein-Schritt-Periode.

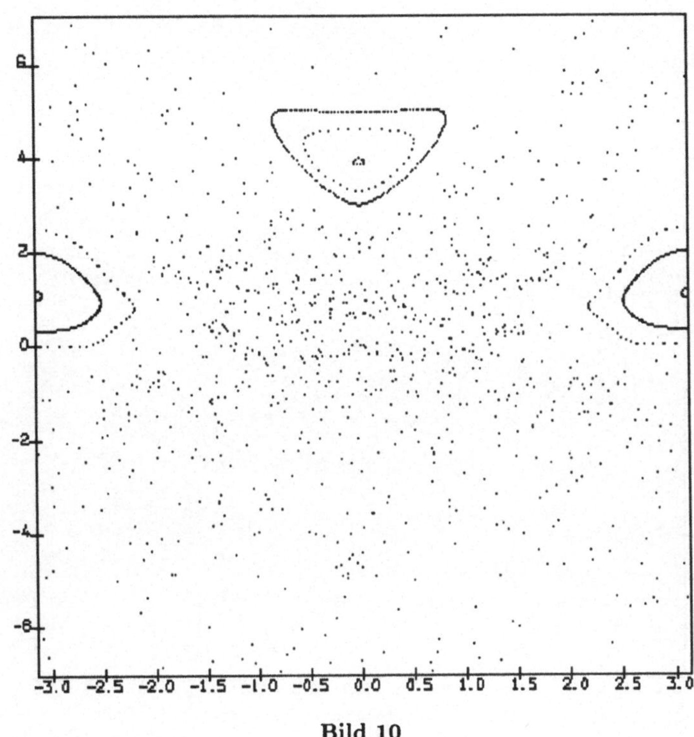

**Bild 10**

**Bild 10** $\lambda = 5$.   Vergrößerung der Schrittweite. Die zwei stabilen Inseln im Chaosmeer entsprechen der Schwingung "Kopf unten" und der periodischen Rotation.

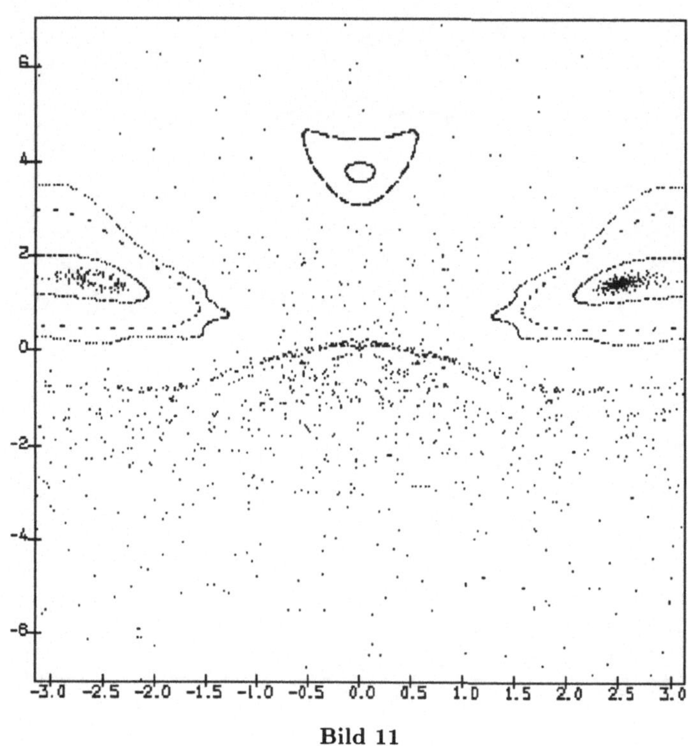

**Bild 11**

**Bild 11** $\lambda = 7.25$.    Weitere Vergrößerung der Schrittweite. Erste Bifurkation. Die
Insel der stabilen Schwingungen zerfällt in zwei Inseln, "Kopf unten-vorwärts"
und "Kopf unten-zurück".    Die periodische Bewegung "Kopf unten-vorwärts"
ist asymptotisch stabil im Innern eines Anziehungsbereiches (Attraktor).    Die
periodische Bewegung "Kopf unten-zurück" ist instabil (Repeller).

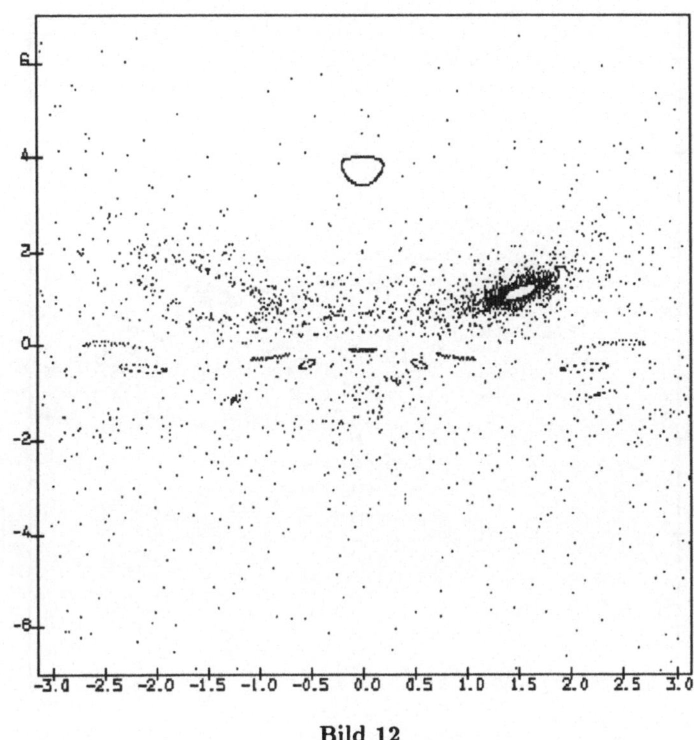

**Bild 12**

**Bild 12** $\lambda = 8.75$. Attraktor und Repeller nähern sich bei weiterer Vergrößerung von $\lambda$.

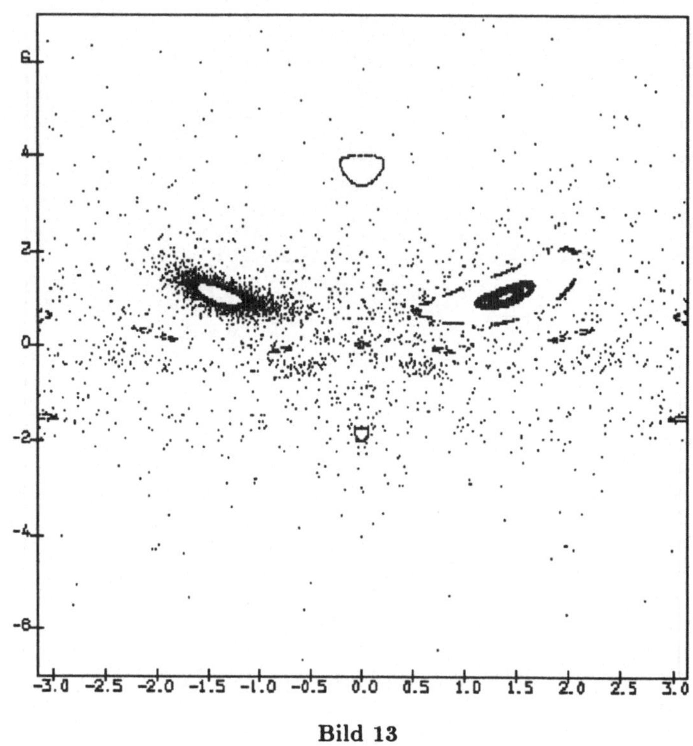

**Bild 13**

**Bild 13** $\lambda = 9$.   Der Attraktor (rechts) entspricht jetzt einer periodischen Bewegung
"Kopf oben-vorwärts". Die Neigung des Körpers nach vorne ist sehr stark, bei-
nahe horizontal.  Sie entspricht in etwa der Stellung eines Schlittschuhläufers.
Der Repeller (links) stellt analog eine Bewegung "Kopf oben-zurück" dar.

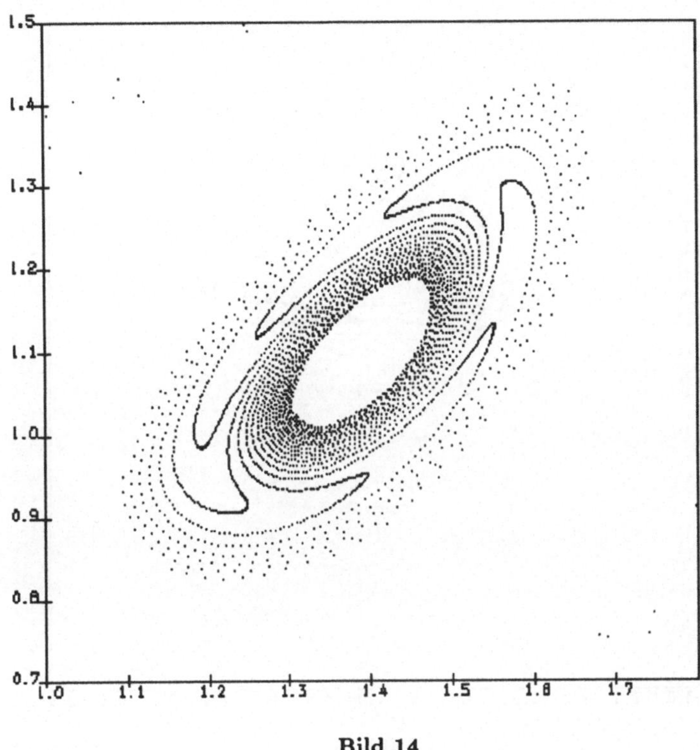

**Bild 14**

**Bild 14** $\lambda = 9$. "Unter der Lupe". Die Attraktorstruktur in der Nähe der periodischen Bewegung, die der Stellung des Schlittschuhläufers entspricht. Es ist die Punktabbildung einer Trajektorie gezeigt.

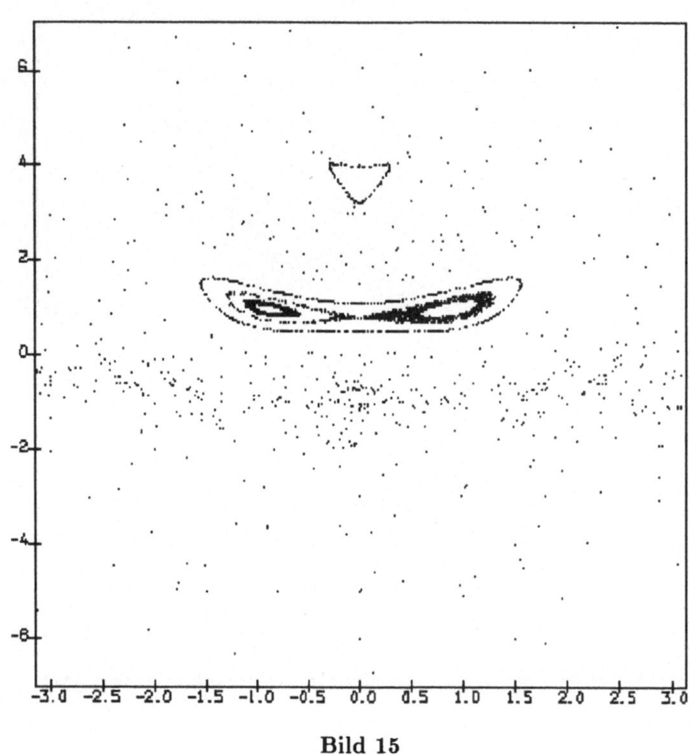

**Bild 15**

**Bild 15** $\lambda = 10$.   Stabilitätswechsel.   Die Bewegung "Kopf oben-vorwärts" ist jetzt instabil.

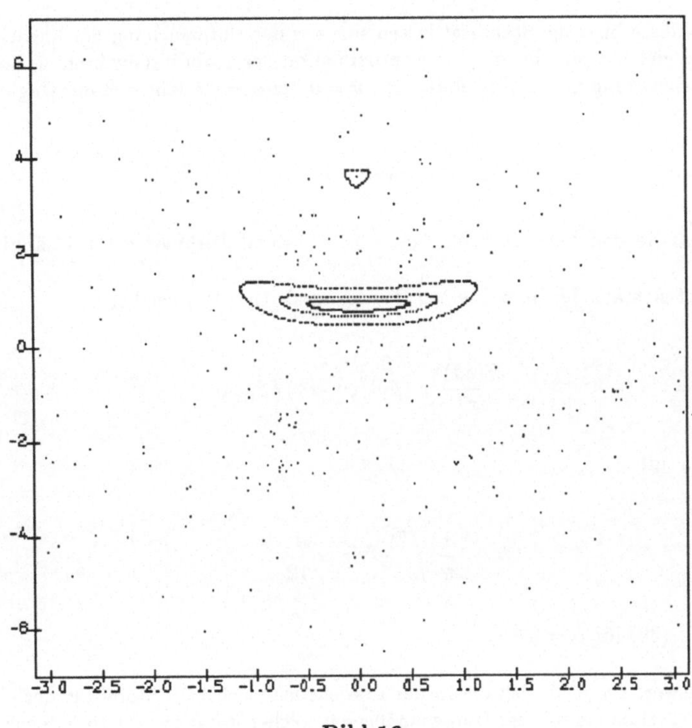

**Bild 16**

**Bild 16** $\lambda = 11$.   Repeller und Attraktor vereinigen sich in eine grenzstabile Bewegung "Kopf oben". Stabile Schwingungen in der natürlichen Lage mit Kopf nach oben.

**Anmerkung:**

Einige Schlüsse über die Stabilität lassen sich aus der Untersuchung der linearisierten Bewegungsgleichungen ziehen. Als Approximation der Stabilitätsbedingung der periodischen Bewegung in der Umgebung von $\vartheta = 0$ bei $\alpha = 0.5$ läßt sich die Ungleichung

$$\mu_1 \lambda^2 > 12 \tag{30}$$

betrachten. Bei dem benutzten Wert $\mu_1 = 0.1$ ist das der Bedingung $\lambda > 11$ äquivalent.

Dies ergibt sich aus der linearisierten Bewegungsgleichung in der Form

$$\frac{d^2(\delta\vartheta)}{d\tau^2} + \left(\mu_1 \lambda^2 \varphi^2 - 1\right)\delta\vartheta = 0 \tag{31}$$

zusammen mit

$$\frac{1}{\tau_0} \int_0^{\tau_0} \varphi^2 d\tau = \frac{1}{12} \; . \tag{32}$$

Darum gilt (30) für $\alpha = 0.5$.

Bemerkenswert ist noch, daß die in der Phasenebene sichtbare Stabilität der einperiodischen Rotation ein mit der Unregelmäßigkeit solcher Rotationen verbundener Effekt ist.

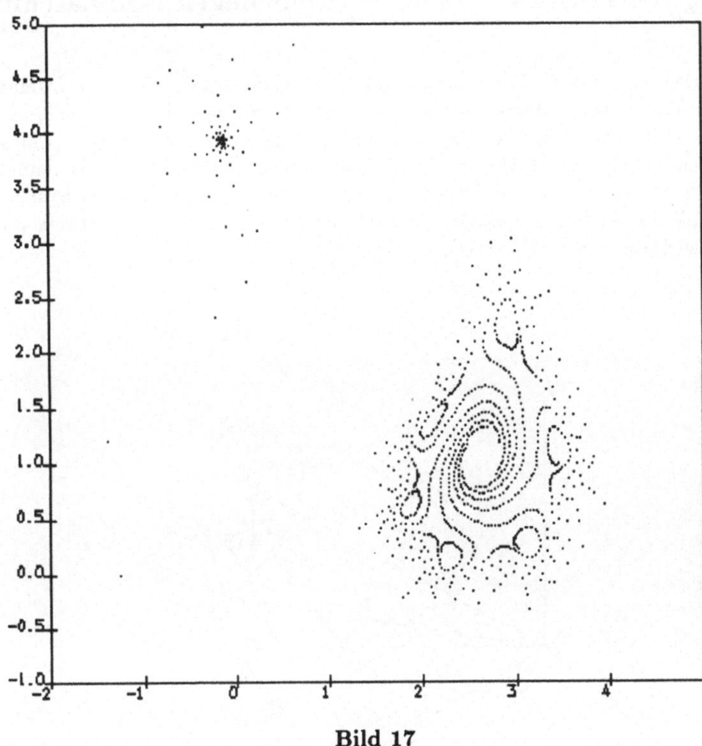

**Bild 17**

**Bild 17** $\lambda = 5$, aber $\alpha = 0.55$. Die Vergrößerung des $\alpha$-Wertes (über 0.5 hinaus) führt zur Instabilität der periodischen Rotation. Der Attraktor rechts entspricht einer asymptotisch stabilen Schwingung "Kopf unten-vorwärts".

# 4  Die Bewegungsgleichungen für die dreidimensionale Bewegung des Oberkörpers einer zweibeinigen Gehmaschine

Im folgenden wird das Problem des räumlichen Gehens untersucht. Der Zweibeinapparat wird dabei als ein starrer Körper mit einem Paar vielgliedriger masseloser Beine modelliert (Bild 18). Zum Aufstellen der Bewegungsgleichungen werden die beiden allgemeinen Theoreme der Mechanik, nämlich Impuls- und Drallsatz verwendet. Sie beschreiben im ersten Fall die Bewegung des Massenmittelpunkts des Systems, im zweiten Fall die Änderung des Dralls durch die Reaktionskräfte der Stütze und des Systemgewichtes.

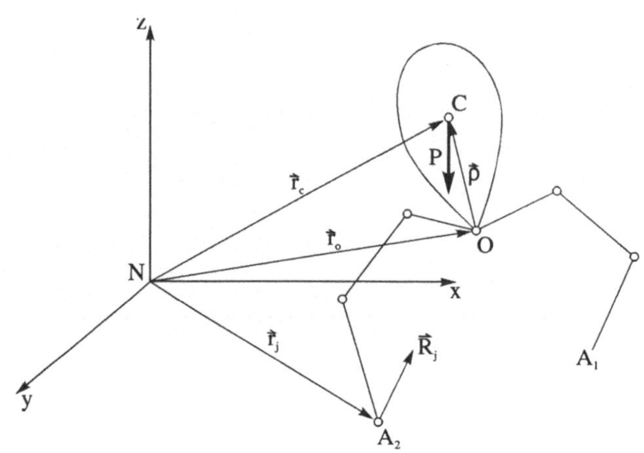

**Bild 18**

Verwendet man ein Koordinatensystem $NXYZ$ mit vertikaler $Z$-Achse, wie es in Bild 18 zu sehen ist, so lassen sich damit folgende Ortsvektoren definieren:

$$r_C = \overline{NC} \qquad \text{– von } N \text{ zum Massenmittelpunkt } C;$$
$$r_0 = \overline{N0} \qquad \text{– von } N \text{ zum Aufhängepunkt } 0 \text{ der Beine;}$$
$$r_j \qquad\qquad \text{– von } N \text{ zum Stützpunkt des Beines } j \ (j = 1, 2);$$
$$\rho \qquad\qquad \text{– von } 0 \text{ nach } C, \text{ das heißt } r_C = r_0 + \rho.$$

Weiter soll $P = Mg$ der aus der Oberkörpermasse $M$ resultierende Schwerkraftsvektor sein, und $R = \sum_{j=1}^{2} R_j$ die Gesamtkraft, die sich aus den Stützreaktionen $R_j$ zusammensetzt.

Aus dem Impulssatz erhalten wir

$$R = -P + M\left[\ddot{r}_0 + \dot{\omega} \times \rho + \omega \times (\omega \times \rho)\right] \ , \tag{33}$$

wobei $\omega$ den Winkelgeschwindigkeitsvektor des Oberkörpers angibt.

Der Drallsatz liefert

$$\{I\}\dot{\omega} + \omega \times \{I\}\omega + M\rho \times \ddot{r}_0 = \rho \times P - \sum_{j=1}^{2} (r_0 - r_j) \times R_j \ . \tag{34}$$

Hier ist $\{I\}$ der Trägheitsmomententensor bezüglich des Aufhängepunktes 0.

Besteht die Gehbewegung nur aus den Ein-Stütz-Phasen, so erhält man die gesamte Stützreaktion aus den Kräften des tragenden Beines, $R_\nu = R$, da die Reaktion des nichttragenden Beines identisch Null ist, $R_\pi = 0$. Damit und aus den Gleichungen (33) und (34) folgt unsere Hauptbewegungsgleichung [1]:

$$\{I\}\dot{\omega} + \omega \times \{I\}\omega = [\rho + (r_0 - r_\nu)] \times (P - M\ddot{r}_0) - $$
$$-M(r_0 - r_\nu) \times [\dot{\omega} \times \rho + \omega \times (\omega \times \rho)] \ . \tag{35}$$

Die Steuermomente $u_\nu^i$ im $i$-ten Gelenk des Stützbeines lauten

$$u_\nu^i = (r_\nu^i - r_\nu) \times R_\nu \qquad (i = 0, 1, 2, \ldots) \ , \tag{36}$$

wobei $r_\nu^i$ der Ortsvektor von $N$ zum Gelenk $i$ des tragenden Beines ist. Für das andere Bein sind natürlich wegen der vernachlässigten Masse sämtliche Steuermomente identisch Null, $u_\pi^i \equiv 0$.

Geht man davon aus, daß die Verläufe $r_0(t)$, $r_\nu(t)$ und $r_\nu^i(t)$ bekannt sind, dann erhält man aus (35) die Bewegung des Oberkörpers, Gleichung (33) liefert die gesuchten Stützreaktionen, und über (36) werden die notwendigen Steuermomente beschrieben.

Aus Gleichung (35) bekommen wir auch die Gleichung (22) im Fall des ebenen zweibeinigen Gehens.

## Literaturverzeichnis zur Vorlesung 1

1. Beletsky, V.V.: Zweibeiniges Gehen (in russisch). Moskau, "Nauka", 1984

2. Beletsky, V.V.; Golubitskaja M.D.: Stabilität und Resonanz-Phänomene beim Zweibeinigen Gehen (in russisch). "Prikladnaja Matematika i Mechanika" (Appl. Math. und Mechanik), 1991, No. 2

3. Beletsky, V.V.: Reguläre und chaotische Bewegungen des Oberkörpers einer zweibeinigen Gehmaschine (in russisch). Preprint Keldysh-Inst. Appl. Mathem., Moskau, 1990, Nr. 52

4. Beletsky, V.V.: Nonlinear effects in dynamics of controlled two-legged walking. Nonlinear Dynamics in Engineering Systems. Ed. W. Schiehlen. Springer Verlag, 1990

5. Beletsky,V.V.: Regular and Chaotic Dynamics of Two-Legged Walking. Abstract. In: European Mechanics Colloquium, Euromech 307, Walking Machines, Sept. 8.-10., 1993, University of Duisburg, Germany

# Vorlesung 2
# Reguläre und chaotische Bewegungen beim Problem der Satellitenorientierung

**Inhalt:**

1. Satellitenorientierung im Magnet- und Gravitationsfeld

2. Himmelskörperorientierung im Feld mit zwei Gravitationszentren

3. Evolution der räumlichen Drehbewegung eines Sonnensatelliten

## 1 Satellitenorientierung im Magnet- und Gravitationsfeld

Die Gleichung der ebenen Satellitenbewegung bezüglich des Massenmittelpunktes unter der Einwirkung von Magnet- und Gravitationsmomenten auf einer elliptischen Polarbahn (Bild 1) wird untersucht. Diese Gleichung lautet [1]:

$$(1 + e \cos \nu)\frac{d^2\Theta}{d\nu^2} - 2e \sin \nu \frac{d\Theta}{d\nu} + \frac{n^2}{2} \sin 2\Theta -$$

$$-\frac{\alpha}{2}\left[3\cos(\Theta - u) - \cos(\Theta + u)\right] = 2e \sin \nu \ ;$$

$$u = \nu + \omega \ . \tag{1}$$

Hier sind: $\nu$ wahre Anomalie; $\omega$ konstante Neigung des Perigeiortsvektors der Satellitenbahn zum Äquator der Erde; $e$ Exzentrizität der Bahn; $n^2 = 3(A - C)/B$ ein dem Moment der Gravitationskräfte entsprechender Gravitationsparameter; $A, B, C$ Hauptträgheitsmomente des Satelliten, $\alpha = I\mu_E/B\mu$ Parameter des auf den Satelliten wirkenden Magnetmoments.

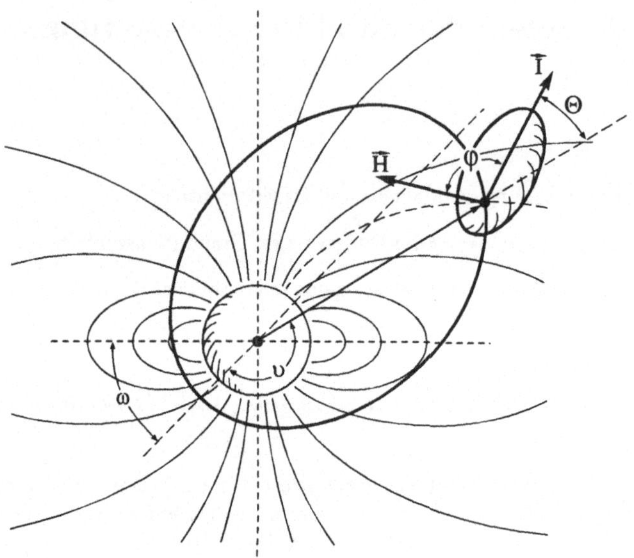

**Bild 1**

Das Magnetfeld wird als Dipolfeld mit Magnetmoment $\mu_E$ betrachtet. Dabei stimmt die Dipolachse mit der Erdachse überein; $\mu$ ist die Gravitationskonstante. Die Rotationsbewegung erfolgt um die Achse mit dem Trägheitsmoment $B$.

Es wird angenommen, daß die Richtung des konstanten Magnetmoments $I$ mit der Achse des Satelliten übereinstimmt, die dem Trägheitsmoment $C$ entspricht. Schließlich ist $\Theta$ der Winkel zwischen dieser Achse und dem momentanen Ortsvektor der Bahn.

Verschiedene Formen dieser Gleichung wurden von mir vor 30 – 35 Jahren aufgestellt und von Dutzenden von Autoren untersucht ([2] bis [3]).

Setzt man zum Beispiel $\alpha = 0$ in die Gleichung der Nickschwingung (1) ein, so bekommt man [2], [4]

$$(1 + e \cos \nu)\frac{d^2\delta}{d\nu^2} - 2e \sin \nu \frac{d\delta}{d\nu} + n^2 \sin \delta = 4e \sin \nu \ , \quad \delta = 2\Theta \ . \tag{2}$$

Gleichung (2) beschreibt die Nickschwingung auf einer elliptischen Bahn unter der ausschließlichen Einwirkung von Gravitationsmomenten.

Als weiteres Beispiel setze man $n^2 = 0$, $e = 0$ in Gleichung (1) und führe $u$ als unabhängige Variable und $\varphi$ als neuen Nickwinkel ein. Hier ist $\varphi$ der Winkel zwischen der Achse, die dem Trägheitsmoment $C$ entspricht, und dem momentanen Ortsvektor $H$ des Erdmagnetfeldes (Bild 1). Damit erhält man [4]:

$$\frac{d^2\varphi}{d^2u} + \alpha\sqrt{1 + 3\sin^2 u} \ \sin \varphi = 6\frac{\sin 2u}{(1 + 3\sin^2 u)^2} \ . \tag{3}$$

Gleichung (3) beschreibt die Nickschwingungen auf einer Kreisbahn, wenn nur die Magnetmomente berücksichtigt werden.

Im folgenden wird das Problem regulärer und chaotischer Bewegungen bei der Satellitenorientierung betrachtet. Dies wurde von mir gemeinsam mit Dr. M.L. Pivovarov untersucht [5].

Hierzu führen wir eine Phasenebene "Winkel–Winkelgeschwindigkeit" $(\Theta, \dot{\Theta})$ ein und betrachten eine Reihe von Phasenportraits von Gleichung (1) bei verschiedenen Parameterwerten. (Der Parameter $\omega$ ist gleich Null, wenn nichts anderes vereinbart wird). Die Phasenportraits wurden mit Hilfe der Methode der Punktabbildung von Poincare gewonnen. Die Periode der Punktabbildung stimmt mit der Bahnperiode überein. Der gewählte Rechenbereich $\dot{\Theta}$ entspricht mäßigen Winkelgeschwindigkeiten. In diesem Bereich liegen die Bewegungsvorgänge, die für die praktische Realisierung von Interesse sind. (Es geht um die Orientierung längs des Ortsvektors, längs der Magnetkraftlinie usw.)

Die Genauigkeit, mit der die "Stabilitätsinseln" im "Chaosmeer" bestimmt wurden, wurde durch den gesunden Menschenverstand und praktische Zweckmäßigkeit diktiert.

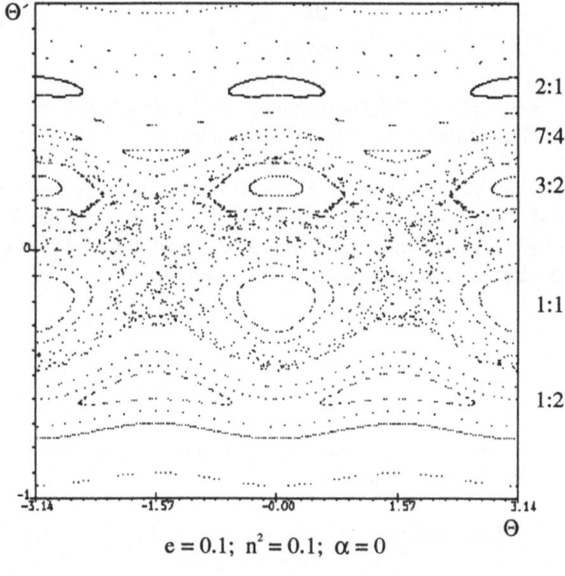



$$e = 0.1; \quad n^2 = 0.1; \quad \alpha = 0$$

**Bild 2**

In Bild 2 sieht man ein Phasenportrait mit den Parameterwerten $e = 0.1$, $n^2 = 0.1$, $\alpha = 0$. Gravitationsmoment und Exzentrizität der Bahn wurden berücksichtigt. Ein Magnetmoment ist nicht vorhanden. Dieses typische Phasenportrait zeigt eine Reihe von "Inseln" im Meer des Chaos. Die Inselzentren entsprechen den stabilen Bewegungen

$$\Theta = \frac{k - m}{m}\nu + \kappa(\nu) , \quad \kappa(\nu + 2m'\pi) = \kappa(\nu) . \tag{4}$$

Hier sind $k, m$ und $m'$ teilerfremde ganze Zahlen. Die Bewegung (4) wird als "Resonanz $k$ zu $m$" $(k : m)$ bezeichnet. Der Resonanztyp ist für jede Insel auf dem jeweiligen der folgenden Bilder angegeben.

Eine mondähnliche Resonanz 1:1 bei der Orientierung des Satelliten relativ zur Erde entspricht periodischen Schwingungen um den momentanen Ortsvektor. Resonanz 3:2 ist eine Drehung vom Merkurtyp. Resonanz 2:1 stellt die Orientierung bezüglich des Magnetkraftfeldes dar.

Führen wir nun den Potentialmittelwert

$$\boldsymbol{u}(\Theta_0, \Theta_0') = \lim_{t\to\infty} \frac{1}{t} \int_{t_0}^{t} u\left(\Theta\left(\Theta_0, \Theta_0', t\right), t\right) dt \tag{5}$$

längs der Lösung $\Theta\left(\Theta_0, \Theta_0', t\right)$ von Gleichung (1) mit den Anfangsbedingungen $\Theta_0, \Theta_0'$ ein.

Es zeigt sich, daß dieser Potentialmittelwert ein lokales Minimum bei stabilen Resonanzbewegungen (4) besitzt. Ich habe diese Erscheinung als extremale Eigenschaft der Resonanzbewegungen bezeichnet.

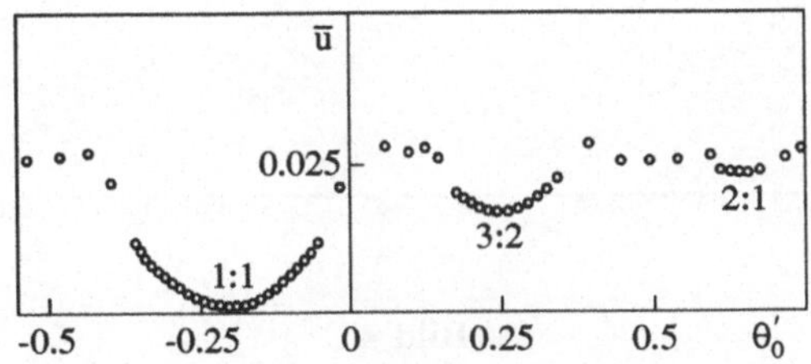


**Bild 3**

In Bild 3 sieht man die den Inselzentren von Bild 2 entsprechenden Minima mit den Parameterwerten $e = 0.1$, $n^2 = 0.1$, $\alpha = 0$.

Berücksichtigen wir jetzt ein Dissipationsmoment, nämlich das Gezeitenmoment [6]. Für den Fall $\alpha = 0$ lautet dann die Gleichung

$$(1 + e\cos\nu)\frac{d^2\Theta}{d\nu^2} + \left[\beta(1 + e\cos\nu)^5 - 2e\sin\nu\right]\frac{d\Theta}{d\nu} + $$
$$+n^2\sin\Theta\cos\Theta = 2e\sin\nu \ , \tag{6}$$

wobei hier $\beta > 0$ der Dissipationsparameter ist.

Die Bilder 4 – 5 zeigen denselben Fall wie Bild 2, $e = 0.1$, $n^2 = 0.1$, allerdings mit Berücksichtigung des dissipativen Gezeitenmoments für $\beta = 0.005$ und $\beta = 0.002$. Die Bewegung des Systems entwickelt sich zu den Hauptresonanzen hin, wobei die Anzahl dieser Resonanzen vom Dissipationsparameter $\beta$ abhängt. Die Nebenresonanzen werden "übergangen".

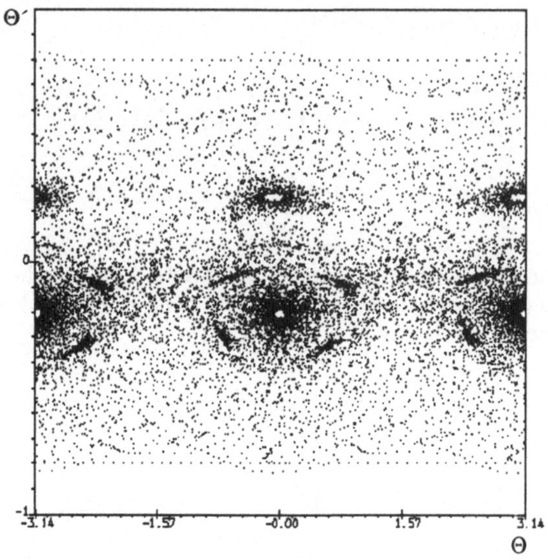

**Bild 4**

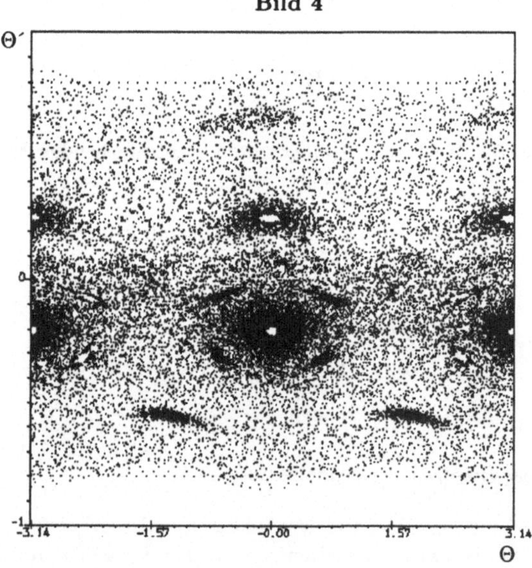

**Bild 5**

In den Bildern 4 – 5 sieht man eine Reihe von Resonanzgruben, wobei eine Farbe einer Resonanzgrube entspricht.

Die Einzugs-Bedingungen der Bewegung für die jeweilige Resonanz sind in Tabelle 1 zusammengestellt.

| $k$ | $k:2$ | Einzugs-Bedingungen (7) für kleine Werte $e$ | Einzugs-Bedingungen (7) für $e = 0.1$, $n^2 = 0.1$ |
|---|---|---|---|
| 1 | $1:2$ | $\beta < \dfrac{1}{2}en^2$ | $\beta < 0.005$ |
| 2 | $1:1$ | $\beta < \infty$ | $\beta < \infty$ |
| 3 | $3:2$ | $\beta < \dfrac{7}{2}en^2$ | $\beta < 0.035$ |
| 4 | $2:1$ | $\beta < \dfrac{17}{4}e^2n^2$ | $\beta < 0.00425$ |

**Tabelle 1**

Tabelle 2 zeigt, welcher Teil der Trajektorien in welcher Resonanz versinkt.

| $\beta$ \ $k:2$ | $1:2$ | $1:1$ | $3:2$ | $2:1$ | $\sum$ |
|---|---|---|---|---|---|
| 0.005 | 0.000 | $T:0.740$<br>$4T:0.125$ | 0.155 | 0.000 | 1.000 |
| 0.002 | 0.060 | $T:0.680$<br>$4T:0.050$ | 0.155 | 0.190 | 1.000 |

**Tabelle 2**

In Tabelle 2 entspricht die Resonanz 1:1 mit $T$- und $4T$-periodischer Schwingung dem Fall $m' = 1$ bzw. $m' = 4$ in (4). Weiter sieht man aus Tabelle 1 (analytische Ergebnisse) und Tabelle 2 (numerische Ergebnisse), daß für $\beta = 0.005$ der Einzug in die Resonanzen 1:2 und 2:1 unmöglich ist.

Die Einzugs-Bedingungen für Resonanz $(k : 2)$ lauten [6]

$$\beta < \Phi_k(e)\frac{n^2}{(k-2)} \ , \tag{7}$$

wobei

$$\Phi_k(e) = \frac{1}{\pi(1-e^2)^{3/2}} \int_0^\pi (1 + e\cos\nu)\cos[k\tau(\nu) - 2\nu]d\nu \tag{8}$$

und

$$\tau(\nu) = 2\mathrm{arctg}\sqrt{\frac{1-e}{1+e}}\ \mathrm{tg}\ \frac{\nu}{2} - \frac{e\sqrt{1-e^2}\sin\nu}{1+e\cos\nu} \tag{9}$$

ist. Für kleine Werte $e$ gilt

$$\tau(\nu) \approx \nu - 2e\sin\nu \tag{10}$$

und damit

$$\Phi_1 \approx -\frac{1}{2}e\ , \quad \Phi_2 \approx 1\ , \quad \Phi_3 \approx \frac{7}{2}e\ , \quad \Phi_4 \approx \frac{17}{2}e^2 \tag{11}$$

usw.

Für die Parameterwerte $e = 0.4$, $n^2 = 3$, $\beta = 0.057$ existieren zum Beispiel keine stabile Resonanzen mehr. Statt dessen erhält man einen seltsamen Attraktor, dessen Phasenportrait in Bild 6 dargestellt ist.

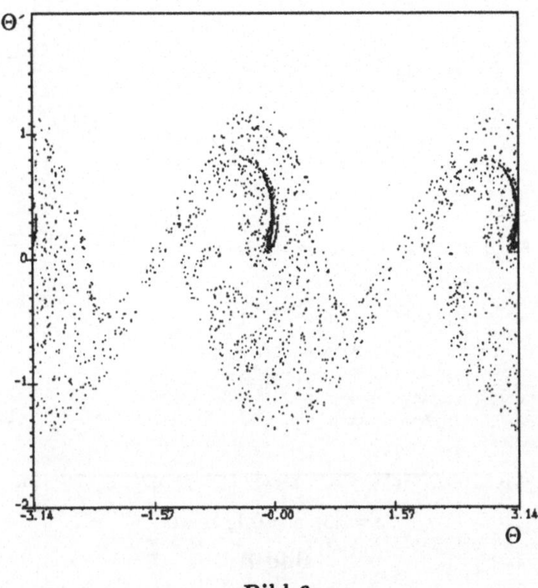

**Bild 6**

Kommen wir zur Aufgabe ohne Dissipation zurück. Die Bilder 7 und 8 zeigen die Fälle $e = (0.3, 0.7)$, $n^2 = 0.1$, $\alpha = 0$.

Die vielen Inselketten für $e = 0.3$ verschwinden bei größerer Exzentrizität der Bahn unter anwachsendem Chaos fast völlig. Damit gibt es praktisch kein geeignetes Stabilisierungsregime mehr. Eine starre Ausschnittvergrößerung von Bild 8 ist in Bild 9 zu sehen.

Bild 10 zeigt den Fall $e = 0.05$, $n^2 = 0.1$, $\alpha = 0$. Man beachte die hier dargestellte Uneindeutigkeit der Resonanz von ein und derselben Ordnung (1:1).

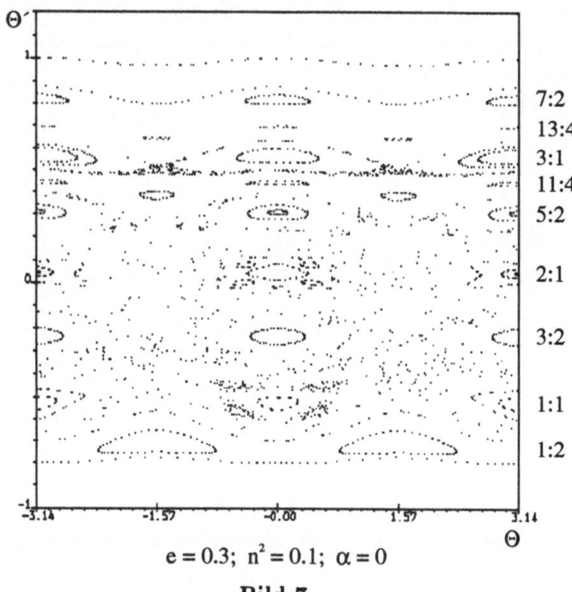



$e = 0.3; \; n^2 = 0.1; \; \alpha = 0$

**Bild 7**

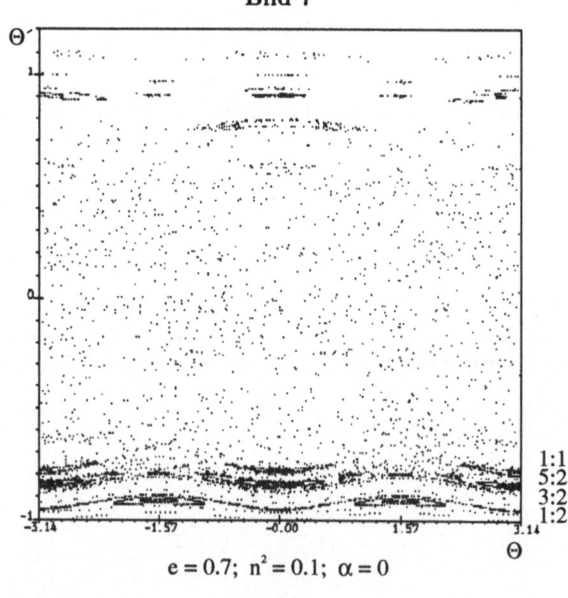



$e = 0.7; \; n^2 = 0.1; \; \alpha = 0$

**Bild 8**

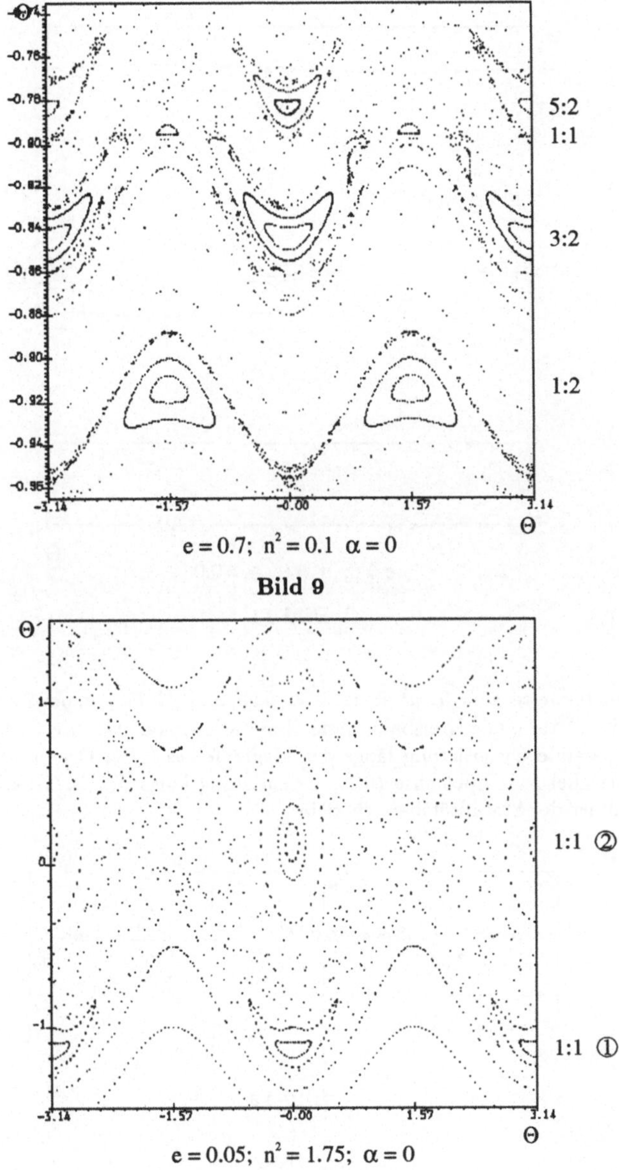

$$e = 0.7; \quad n^2 = 0.1 \quad \alpha = 0$$

**Bild 9**

$$e = 0.05; \quad n^2 = 1.75; \quad \alpha = 0$$

**Bild 10**

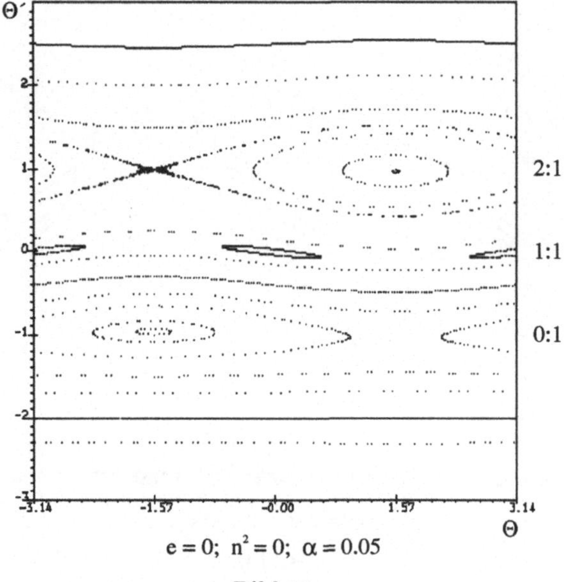

$$e = 0; \quad n^2 = 0; \quad \alpha = 0.05$$

**Bild 11**

Die Parameterwerte $e = 0$, $n^2 = 0$, $\alpha = 0.05$ in Bild 11 entsprechen einem "Magnetsatelliten" auf einer Kreisbahn ohne Gravitationsmoment. Die Ordnungen $(i : j)$ bedeuten: stabile Orientierung längs des Magnetfeldes (2:1); Orientierung im Absolutraum parallel zur Dipolachse (0:1); Orientierung längs des Ortsvektors (1:1). Im letzten Fall ist der Stabilitätsbereich klein.

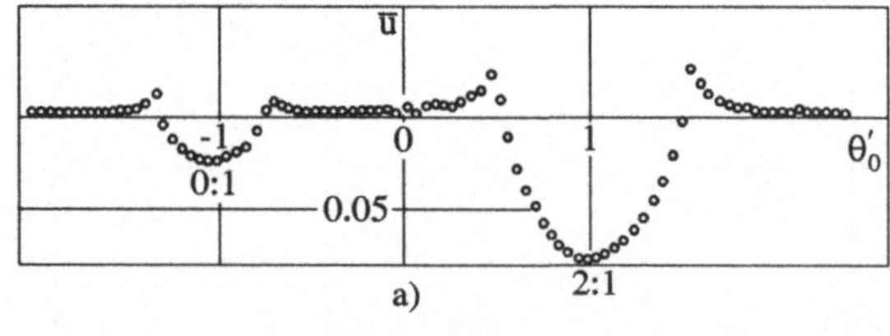

**Bild 12**

Bild 12 zeigt die zu Bild 11 gehörenden Minima des gemittelten Potentials (5) bei den zwei Hauptresonanzen (2:1) und (0:1).

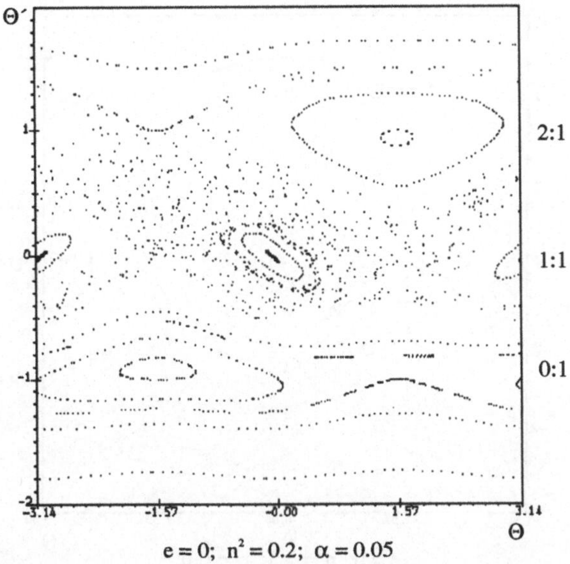


**Bild 13**

Das in Bild 13 ($e = 0$, $n^2 = 0.2$, $\alpha = 0.05$) leicht erhöhte Gravitationsmoment führt zur Verbesserung der Orientierungsbedingungen längs des Ortsvektors (1:1), aber auch zur Chaotisierung der Nebenbewegungen.

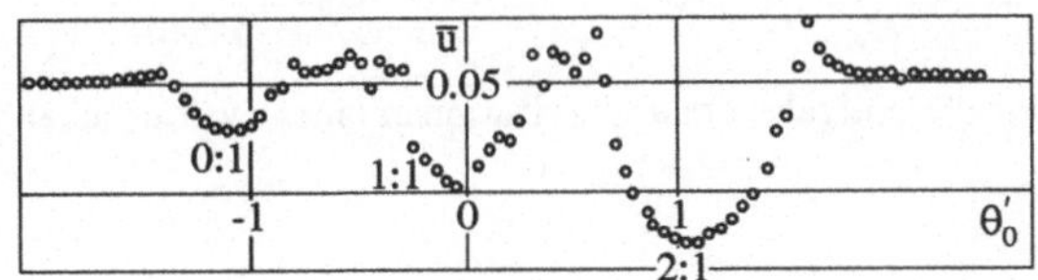


**Bild 14**

In Bild 14 sieht man für diesen Fall die Minima des gemittelten Potentials auf den stabilen Resonanzen (2:1) und (0:1) im Magnetfeld. Das Gravitationsfeld führt zur Entstehung des lokalen Minimums bei der Resonanz (1:1).

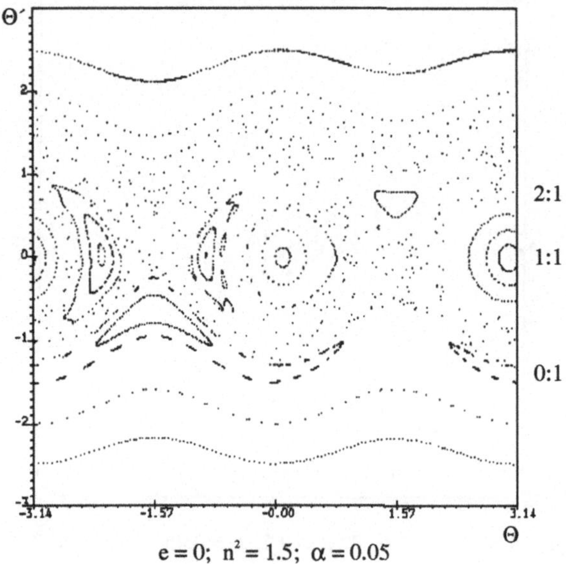


**Bild 15**

Bild 15 zeigt den Fall $e = 0$, $n^2 = 1.5$, $\alpha = 0.05$. Eine weitere Vergrößerung des Gravitationsmomentes bringt eine Verkomplizierung des Phasenportraits. Die Entstehung von $2\pi$-periodischen stabilen Bewegungen mit großer Amplitude und eine starke Verkleinerung des Stabilitätsbereiches der "Magnetorientierung" können beobachtet werden.

Im folgenden wird die Aufgabe ohne Gravitationsmoment weiterbehandelt.

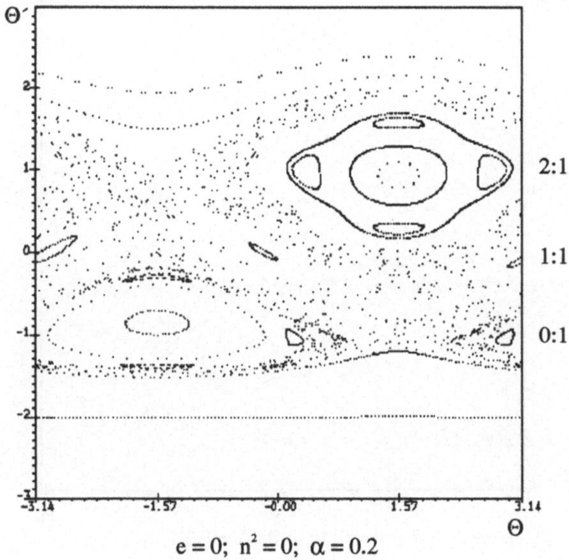



**Bild 16**

Bild 16. Hier sind $e = 0$, $n^2 = 0$, $\alpha = 0.2$. $2\pi$-periodische "magnetische" Schwingungen ohne Gravitationsmoment. Die $8\pi$-periodischen Schwingungen verschwinden bei schwacher Vergrößerung des Parameters $\alpha$. Die Inseln treten dabei ins Meer zurück und gehen unter.

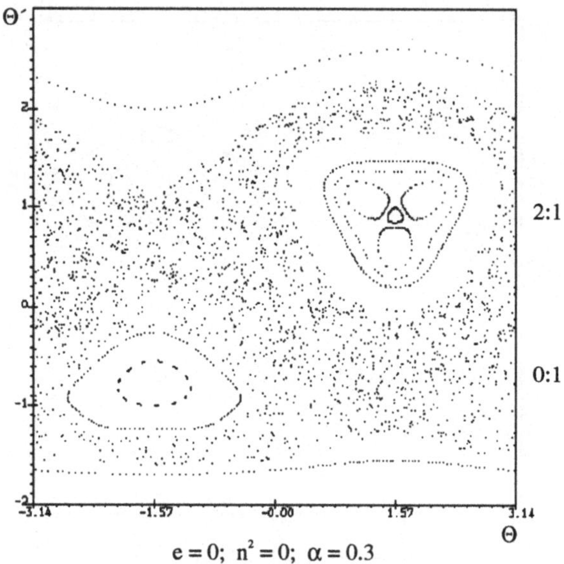


$$e = 0; \quad n^2 = 0; \quad \alpha = 0.3$$

**Bild 17**

Bild 17.  Hier sind $e = 0$, $n^2 = 0$, $\alpha = 0.3$.  $2\pi$- und $6\pi$-periodische Schwingungen. Bei der Inneninsel (2:1) des vorherigen Bildes tritt eine Bifurkation mit Entstehen von $6\pi$-periodischen Schwingungen auf.

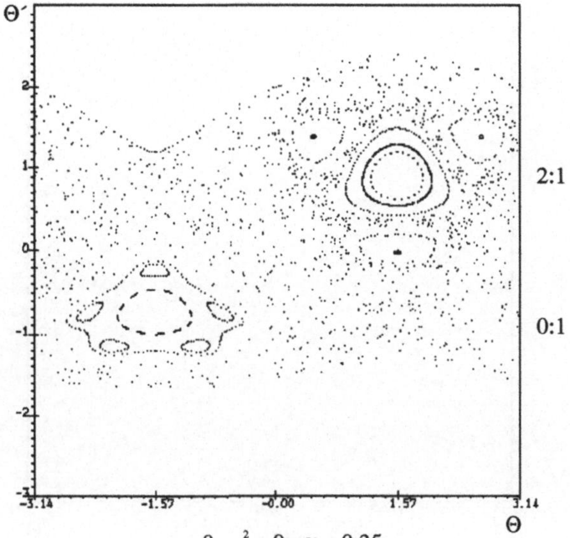


e = 0; n² = 0; α = 0.35

**Bild 18**

Bild 18. Hier sind $e = 0$, $n^2 = 0$, $\alpha = 0.35$. Die Entwicklung der vorherigen Situation bei schwacher Veränderung des Parameters $\alpha$.

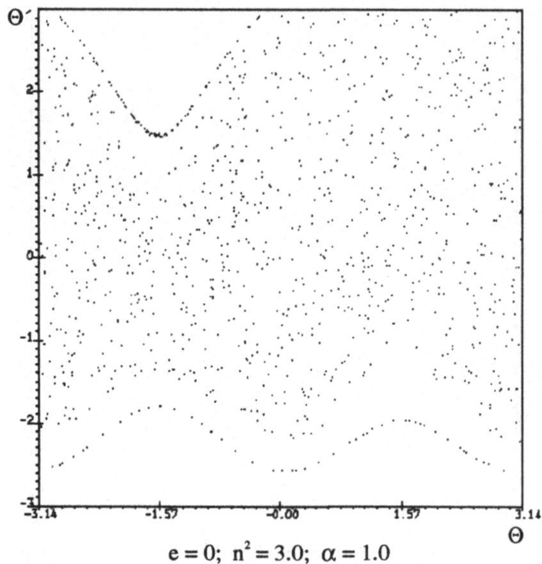



$$e = 0; \quad n^2 = 3.0; \quad \alpha = 1.0$$

**Bild 19**

Schließlich zeigt Bild 19 den Fall $e = 0$, $n^2 = 3$, $\alpha = 1$. Die Wechselwirkung des maximalen Gravitationsmomentes mit dem mäßigen Magnetmoment führt zum völligen Chaos.

## 2  Himmelskörperorientierung im Feld mit zwei Gravitationszentren [7]

Betrachten wir nun die Bewegung eines Himmelskörpers bezüglich des Massenmittelpunktes unter Einwirkung von Momenten zweier Gravitationszentren.

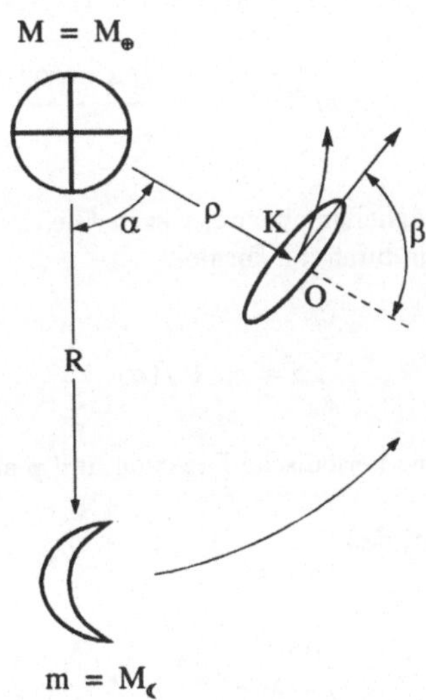


**Bild 20**

Der Massenpunkt $m$ bewegt sich auf einer Keplerschen Kreisbahn mit Radius $R$ im Gravitationsfeld des Massenpunktes $M$ (Bild 20). Der Massenmittelpunkt $O$ eines starren Körpers $K$ von endlichen Abmessungen bewegt sich um den Punkt $M$ auf einer Keplerschen Kreisbahn vom Radius $\rho < R$. Die Orientierung des Körpers $K$ bezüglich des Ortsvektors zum Massenmittelpunkt wird durch den Winkel $\beta$ zwischen diesem Ortsvektor und einer der Hauptträgheitsachsen des Körpers definiert. Ebene Bewegungen werden betrachtet. Die Abweichungen der Bahnen von der Keplerschen Kreisbahn werden vernachlässigt. Die Lage des Massenmittelpunktes $O$ bezüglich des Punktes $m$ wird durch den Winkel $\alpha$ definiert. Wegen $\rho < R$ ist $\frac{d\alpha}{dt} > 0$. Die durch die Gravitationszentren $M$ und $m$ verursachten Momente wirken auf den Körper $K$ ein.

Die Bewegung des Körpers $K$ bezüglich des Massenmittelpunktes wird bei dieser Aufgabenstellung durch die Gleichungen (12) beschrieben:

$$\frac{d^2\beta}{d\alpha^2} + \frac{n^2}{2}\left[\frac{1}{1-\lambda^{3/2}}\right]^2 \sin 2\beta + \frac{n^2}{2}\left[\frac{\lambda^{3/2}}{1-\lambda^{3/2}}\right]^2 \varepsilon f(\alpha,\beta) = 0 \; , \tag{12}$$

$$f(\alpha,\beta) = \frac{\lambda^2 \sin 2\beta - 2\lambda \sin(2\beta+\alpha) + \sin(2\beta+2\alpha)}{(1+\lambda^2 - 2\lambda\cos\alpha)^{5/2}} \; ,$$

$$\varepsilon = m/M \; ; \quad \lambda = \rho/R \; ; \quad n^2 = \frac{3(A-C)}{B} \; .$$

Hier sind $A, B, C$ Hauptträgheitsmomente, wie in Gleichung (1) definiert. Die resonanten Bewegungen werden durch die Formel

$$\beta = p\alpha + f(\alpha) \tag{13}$$

beschrieben, wobei $f(\alpha)$ eine periodische Funktion und $p$ eine rationale Zahl ist.

Aus der KAM-Theorie folgt, daß

$$\Delta_r \sim \frac{n\lambda^{3/2}}{1-\lambda^{3/2}}\varphi(p) \; , \quad \varphi(p) < 1 \tag{14}$$

$$\Delta_s \sim \exp(-1/\Delta_r) \; , \tag{15}$$

wobei $\Delta_r$ die Breite der Resonanzzone und $\Delta_s$ die Breite des chaotischen Gebiets ist.

Im System Erde–Mond entspricht $M$ der Erdmasse, $m$ der Mondmasse und $K$ einem künstlichen Erdsatelliten. In diesem Fall ist $\varepsilon = m/M = 1/81.3 = 0.01235$. Die $\lambda$-Werte von oben sind durch die Bedingung begrenzt, daß sich die Bahn des Erdsatelliten im Erde-Mond-System gänzlich außerhalb der Einflußsphäre des Mondes befindet. Die betrachtete Aufgabenstellung ist nur in diesem Fall sinnvoll. Die genannten Bedingungen sind bei Werten $\lambda = 0.83$ erfüllt.

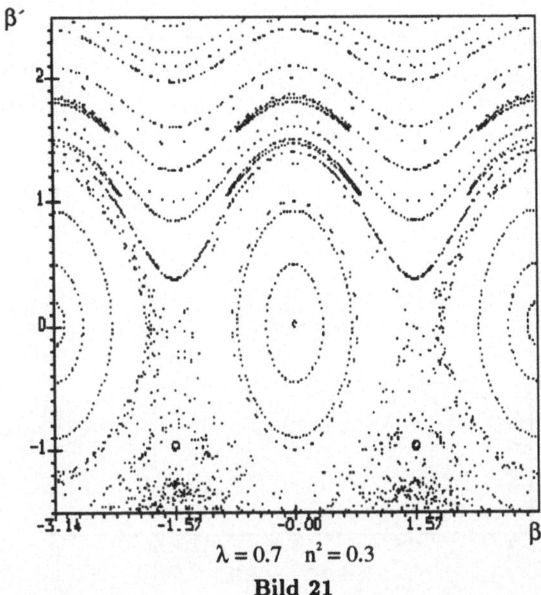

$$\lambda = 0.7 \quad n^2 = 0.3$$

**Bild 21**

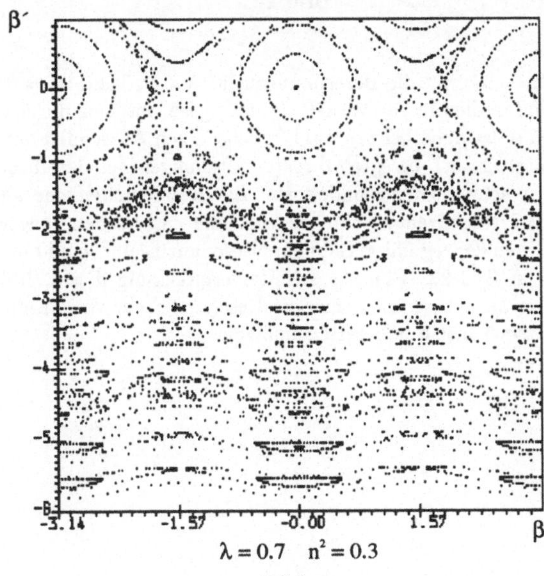

$$\lambda = 0.7 \quad n^2 = 0.3$$

**Bild 22**

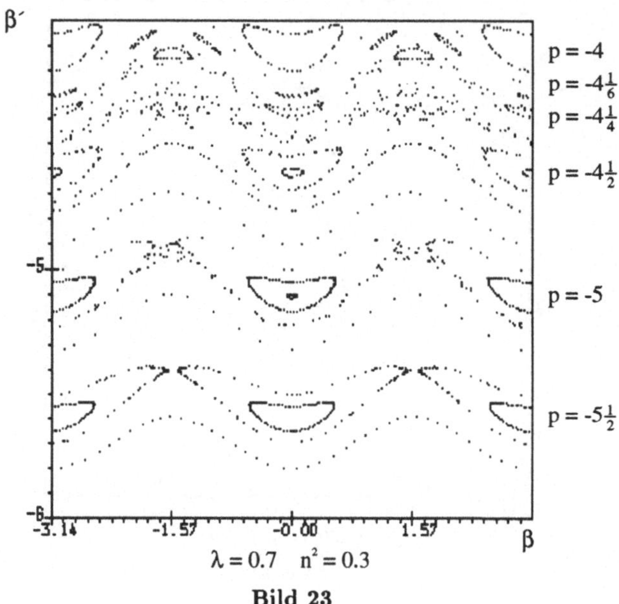



$$\lambda = 0.7 \quad n^2 = 0.3$$

**Bild 23**

Auf den Bildern 21 – 23 sind die Berechnungen für $\lambda = 0.7$ und $n^2 = 0.3$ dargestellt.
Die Erregungen sind in diesem Fall verhältnismäßig groß, was sich durch große $\lambda$-Werte
ausdrückt (Körper $K$ ist nahe bei $m$). Bild 21 zeigt einen Ausschnitt der Phasenebene
mit verhältnismäßig schwach erregten direkten Drehungen des Satelliten. Man sieht,
daß das Chaos nur schwach ausgebildet ist. Die Resonanzbereiche sind, außer für
$p = 0$, schmal. Bei Rückdrehung sind dagegen die chaotischen Bewegungen scharf
ausgeprägt. Die Zonen der regulären Bahnen, "Resonanzinseln", sind hinreichend breit.
Dies erkennt man in Bild 22. Eine Ausschnittsvergrößerung dieses Bildes ist in Bild
23 dargestellt. Hier sieht man nicht nur die Resonanzinseln von durch 1/2 teilbarer
Ordnung, sondern auch Inseln höherer Ordnungen.

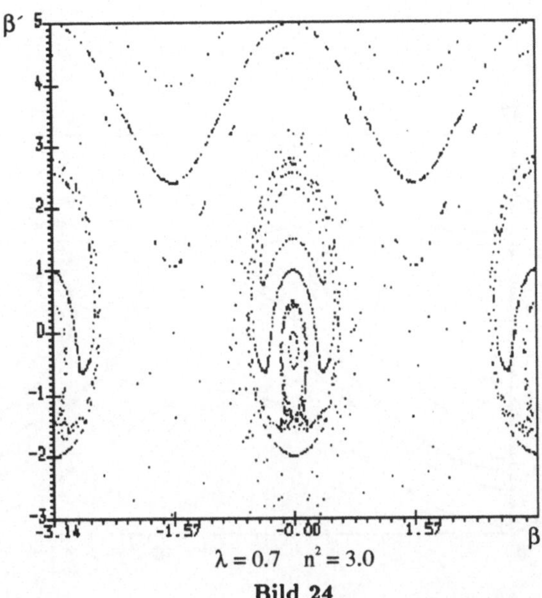



**Bild 24**

Bild 24 zeigt den Fall $\lambda = 0.7$, $n^2 = 3.0$. Hier erkennt man die Bifurkation der periodischen Bewegungen und die Uneindeutigkeit der Resonanz von ein und derselben Ordnung ($p = 0$).

Eine Resonanz in der Umgebung $\beta' = -5$ läßt sich als Modell der Resonanzen vom Venustyp betrachten. Der $\varepsilon$-Wert im Sonne-Venus-Erde-System ist sehr viel kleiner als der hier betrachtete Wert. Die Parameterwerte $\varepsilon, \lambda, n^2$ in diesem System sind in Bild 25 gezeigt und entsprechen neuesten Daten [8].

Dieses Bild zeigt ein Phasenportrait der Zone der vermutlichen Resonanzrotation der Venus. Es wurde allerdings nachgewiesen, daß die tatsächliche Venusrotation außerhalb dieser Zone liegt.

Es sind in einem einheitlichen Maßstab die relative Lage der untersuchten Resonanzzone mit einer Venus-Rotations-Periode von $T_{res} = 243.1650$ Tagen und die neuesten Daten entsprechende tatsächliche Rotationsperiode von $T_D = 243.022 \pm 0.006$ Tagen dargestellt. Die Intervallgrenzen des gemessenen Wertes sind punktiert.

Man sieht aus dem Bild, daß die Entfernung des tatsächlichen Wertes vom Resonanzbereich ca. zehnmal größer als die Breite der Resonanzzone ist.

Venus
p = -5
$\varepsilon$ = 3.004·10⁻⁶
$\lambda$ = 0.723332
$n^2$ = 2.457·10⁻⁵
T = 243.022±0.006 Tage
$T_{res}$= 243.1650 Tage
243.028 Tage
243.016 Tage

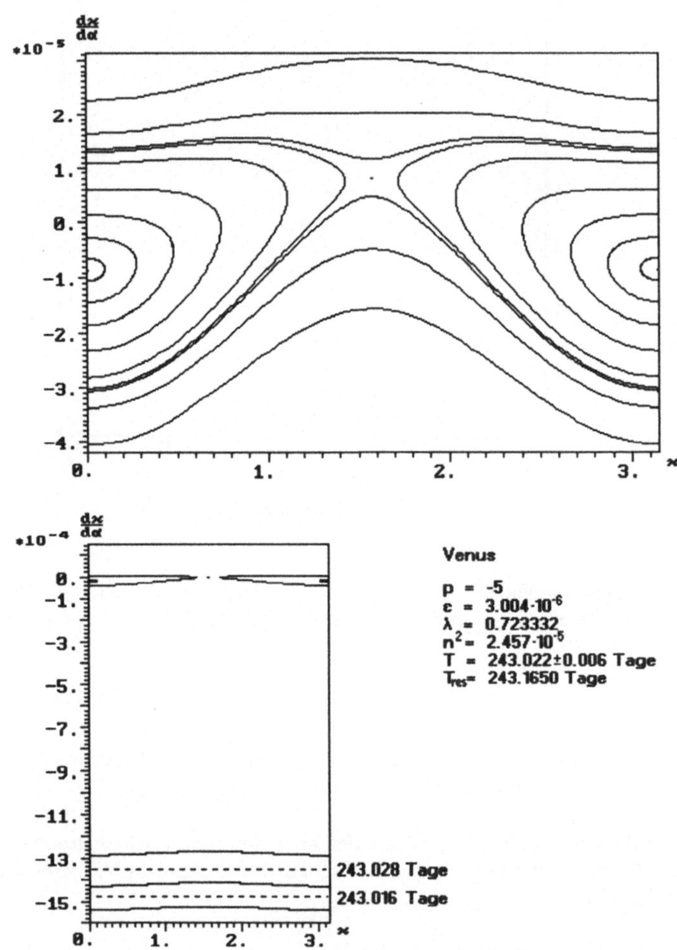

**Bild 25**

## 3 Evolution der räumlichen Drehbewegung eines Sonnensatelliten [9]

Hier wird die Evolution der räumlichen Drehbewegung eines Satelliten bezüglich des Massenmittelpunktes betrachtet. Der Satellit bewegt sich auf einer kreisförmigen oder elliptischen heliozentrischen Bahn. Er hat dynamische Symmetrie und ist mit schiefsymmetrisch angeordneten Paddeln ausgerüstet (Bild 26).

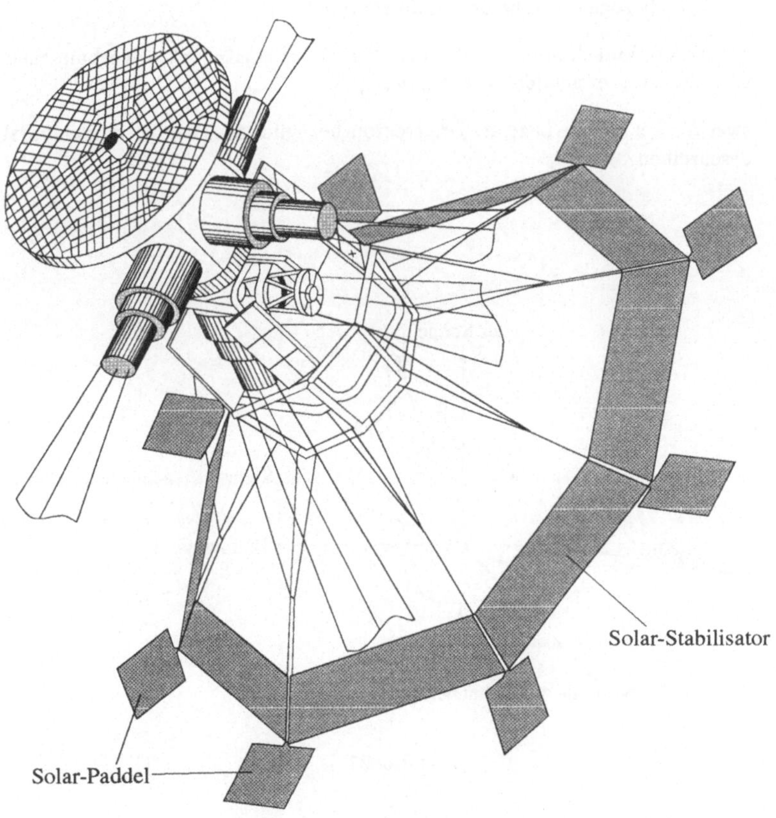


**Bild 26**

Diese Paddel können z.B. Sonnenbatterien, Sonnensteuer usw. sein. Auf einer heliozentrischen Bahn dominiert der Einfluß des Druckmomentes der Sonnenstrahlung. Die Momente anderer äußerer Kräfte sind vernachlässigbar.

Für die Lichtdruckkräfte auf den Satelliten wird eine spezielle Modellierung angenommen: Das Moment $M$ bestehe aus einem "konservativen" Teil und einem "Propellermoment". Ein ähnliches Modell wurde von mir früher in der Aerodynamik künstlicher Satelliten verwendet [10]. Führen wir nun die Evolutionsvariablen ein [4] (Bild 27):

- $l = L/L_0$ bezogene Größe des Drallbetrages $L$;

- drei Euler-Winkel, die in einem speziellen mit dem Drallvektor verbundenen Koordinatensystem gebildet werden, $(\varphi, \psi, \vartheta)$;

- zwei Winkel, die die Lage des Drallvektors bezüglich des Bahnkoordinatensystems beschreiben.

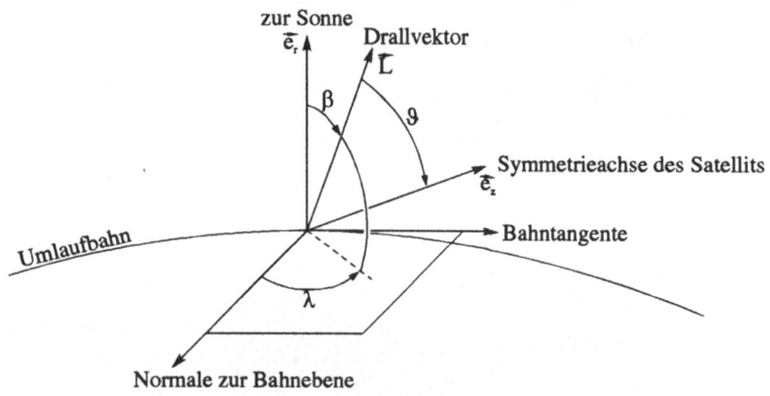


**Bild 27**

Definieren wir nun zwei solcher Winkelpaare. Das erste Winkelpaar soll aus dem Winkel $\beta$ zwischen $L$ und $r$ und dem Drehwinkel $\lambda$ von $L$ um $r$ bestehen. Das zweite Paar wird von einem Winkel $\rho$ zwischen $L$ und dem normal zur Bahnebene stehenden Vektor $n$ und dem Drehwinkel $\kappa$ von $L$ um $n$ gebildet.

Es gilt

$$\cos \rho = \sin \beta \cos \lambda$$
$$\sin \rho \sin \kappa = \sin \beta \sin \lambda \qquad (16)$$
$$\sin \rho \cos \kappa = \cos \beta$$

Wegen der dynamischen Symmetrie entkoppelt sich die Gleichung für den Spinwinkel $\varphi$ und wird deshalb nicht betrachtet. Die $\psi$-Bewegung ist sehr schnell. Eine Mittelung der Gleichungen bezüglich dieser Variablen entkoppelt eine Gleichung für $\psi$. Auch diese wird nicht weiter betrachtet.

Es verbleiben die Gleichungen für die Evolutionsvariablen $l, \vartheta, \beta, \lambda$:

$$\frac{dl}{d\nu} = f\left[-\alpha + \cos^2 \vartheta\right] \cos \beta \ ,$$

$$\frac{d\vartheta}{d\nu} = -\frac{f}{l} \sin \vartheta \cos \vartheta \cos \beta \ ,$$

$$\frac{d\beta}{d\nu} = -\sin \lambda + \frac{f}{l}\left[\alpha - \frac{1}{2}\sin^2 \vartheta\right] \sin \beta \ , \qquad (17)$$

$$\frac{d\lambda}{d\nu} = -\text{ctg}\beta \cos \lambda + \frac{N}{l} \cos \vartheta \ .$$

Dabei beschreibt die unabhängige Variable $\nu$ die wahre Anomalie der Bahn. Terme, die den Parameter $N$ enthalten, beschreiben konservative Effekte. Die Glieder mit den Parametern $f$ und $\alpha$ entsprechen dem "Propellereffekt", und Glieder ohne Beiwerte stellen den Effekt der Bewegung auf der Bahn dar.

Für $f = 0$ erhalten wir

$$l = l_0 = \text{const} \ , \quad \vartheta = \vartheta_0 = \text{const} \ , \quad \sin \beta \cos \lambda + \frac{N}{l_0} \cos \vartheta_0 \cos \beta = \Phi_0 = \text{const} \qquad (18)$$

Der konservative Effekt erzeugt eine Präzession des Drallvektors. Die Präzessionsgeschwindigkeit um die Richtung zur Sonne ist bei großem $N$ proportional zu $N : \frac{d\lambda}{d\nu} \sim \frac{N}{l_0} \cos \vartheta_0$.

Für $f \neq 0$ führt der Propellereffekt zu einer starken Orientierungsmodulation des Drallvektors bezüglich dieser Richtung. Gleichzeitig erleiden die Variablen $\beta, l$ ähnliche

Modulationen. Ähnliche Effekte in der Aerodynamik von Satelliten wurden in meinem Artikel [10] beschrieben.

Eine Phasentrajektorie auf der Ebene $(\rho, \kappa)$ sieht man in Bild 28.

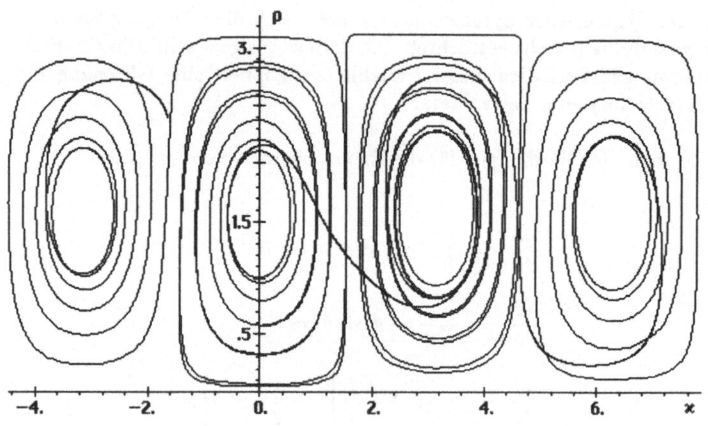

**Bild 28**

Die Vereinigung von Propellereffekt und Präzession führt zu einer "pulsierenden" Präzession des Vektors $l$ um die Achse Sonne-Satellit. Der interessanteste Effekt besteht in einem heftigen Übergang von einer Bewegung in Sonnenrichtung zu einer Bewegung in die Gegenrichtung. Die Berechnungen zeigen, daß die Übergänge oft schwer vorherzusagen, also chaotisch sind. Dieses Chaos folgt aus dem Kern des dynamischen Systems und kann in einem geeigneten Phasenraum anschaulich gezeigt werden. Untersuchen wir die Ursache dafür:

Unser System (17) besitzt ein erstes Integral:

$$l(\mathrm{ctg}\vartheta)^\alpha \sin\vartheta = C \tag{19}$$

Dieses Integral erlaubt die Erniedrigung der Systemordnung auf Drei durch Eliminierung der Variablen $l$ und auf Zwei durch den Übergang zu einer neuen unabhängigen

Variablen $\lambda$. Das resultierende System zweiter Ordnung hängt von $\lambda$ ab und ist $2\pi$-periodisch. Das heißt, die Bewegung kann im Phasenraum $\vartheta, \beta$ bei einem fixierten Wert von $C$ im allgemeinen als eine Gesamtheit der regulären und chaotischen Trajektorien beschrieben werden, die z.B. durch das Punktabbildungsverfahren von Poincare bestimmt werden. Es wurde in diesem Fall eine $2\pi$-Abbildung mit der Variablen $\lambda$ betrachtet.

Auf den folgenden Bildern sehen wir die $\lambda$-Punktabbildungen von Poincare in der Ebene $(\vartheta, \beta)$. Dabei ist $\alpha = 0.3$, $C = 1$ angenommen.

Bild 29 entspricht dem Fall, daß die Glieder, die den Effekt der Bewegung auf der Bahn beschreiben, vernachlässigbar werden, nämlich $N^{-1} = 0$, $fN^{-1} \neq 0$. Es gibt in diesem Fall ein neues Integral im Raum $(\vartheta, \beta)$:

$$\sin^2 \beta \cos \vartheta (\mathrm{tg}\vartheta)^{2\alpha} = \overline{C} \tag{20}$$

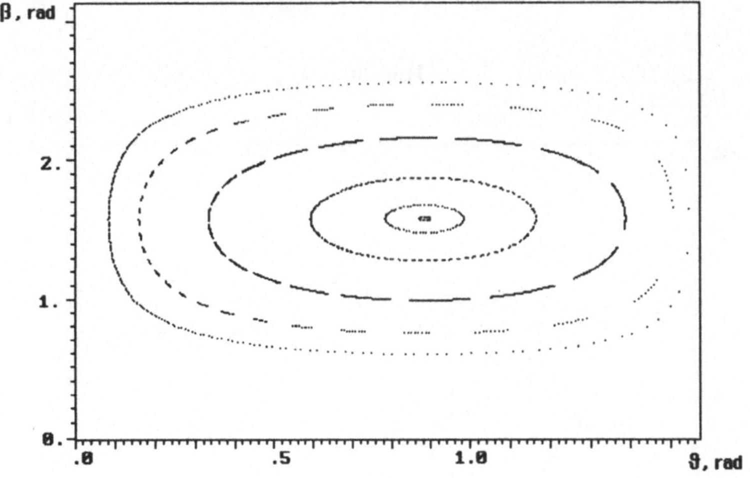


**Bild 29**

Alle Trajektorien sind regulär und entsprechen den Integrallinien. Bild 29 entspricht formal dem Fall $N^{-1} = 0$, $N^{-1}f = 0.15$.

In Bild 30 ist $N^{-1} = 4.42 \cdot 10^{-5}$, $fN^{-1} = 0.15$. Statt den Integrallinien sieht man viele Ketten von kleinen Inseln.

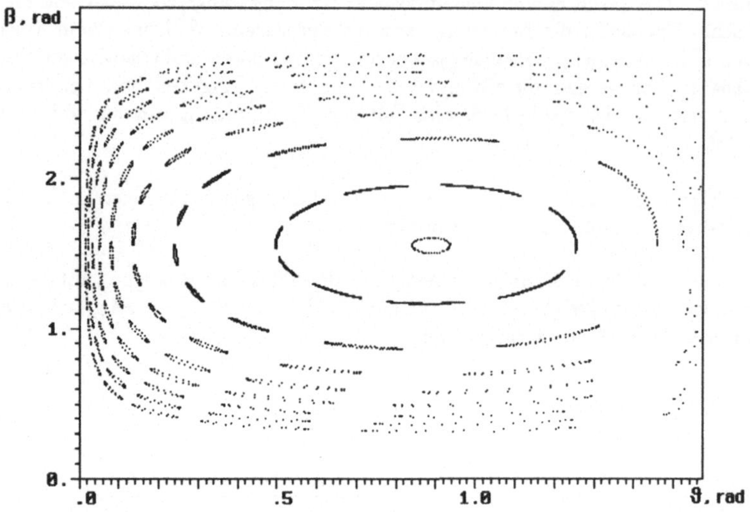

**Bild 30**

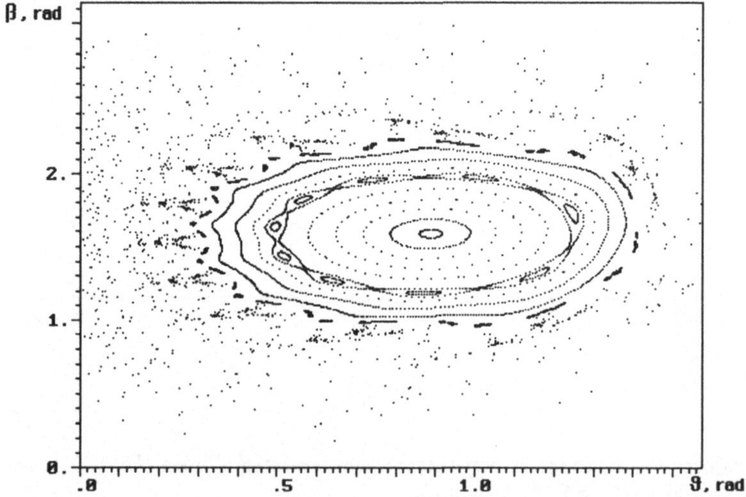

**Bild 31**

In Bild 31 ist $N^{-1} = 0.01$, $fN^{-1} = 0.15$. Die regulären Trajektorien im Zentrum bilden eine Insel im Chaosmeer. Im Innenteil der großen Insel sieht man eine Kette von kleinen Inseln, die der $9\pi$-periodischen stabilen Bewegung entsprechen.

In Bild 32 ist der Fall $N^{-1} = 0.1$, $N^{-1}f = 1.05$ gezeigt, wobei das Chaos ausgeprägter ist. Mehrere neue Ketten von Inseln werden sichtbar ($11\pi-, 12\pi-, 13\pi-$periodische Bewegungen).

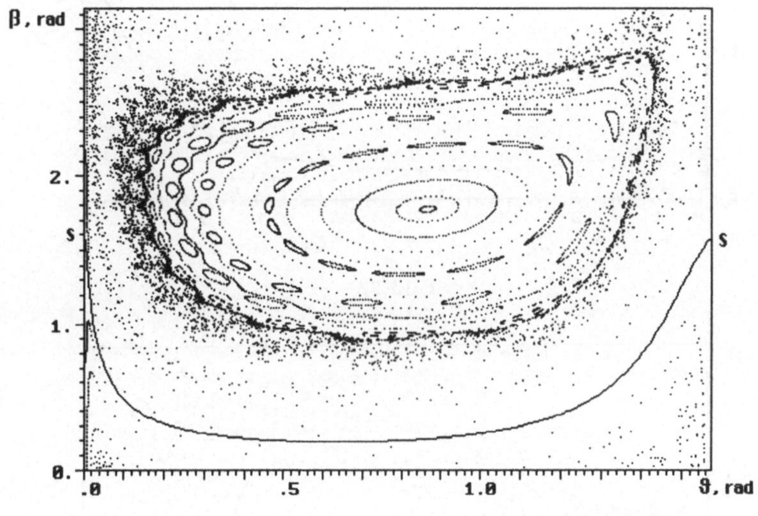

**Bild 32**

Die weiteren Bilder, Bild 33 – Bild 35, sind Beispiele von starkem Chaos und zahlreichen Resonanzen bei verschiedenen Werten von $N, f$.

Das letzte Bild, Bild 36, zeigt ausschließlich chaotische Bewegungen.

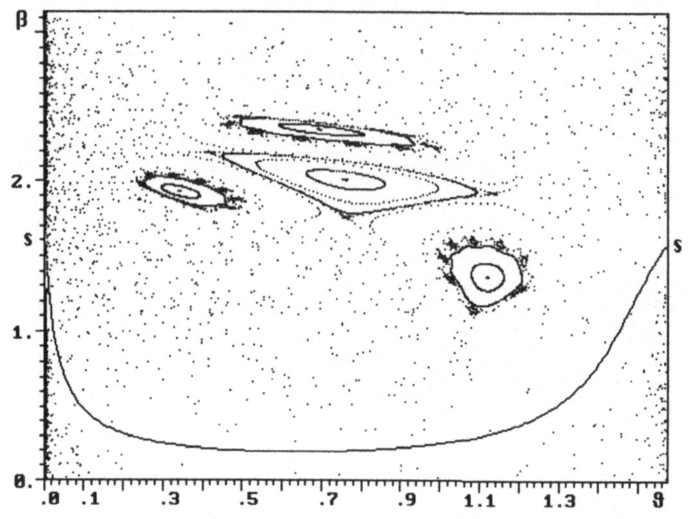

**Bild 33**

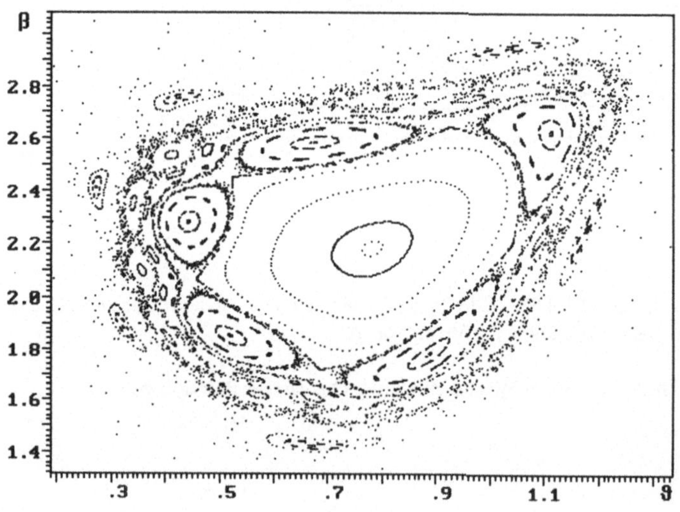

**Bild 34**

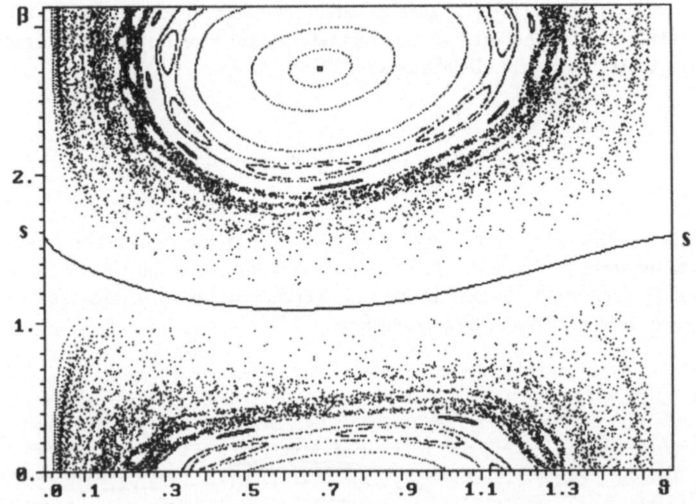

**Bild 35**

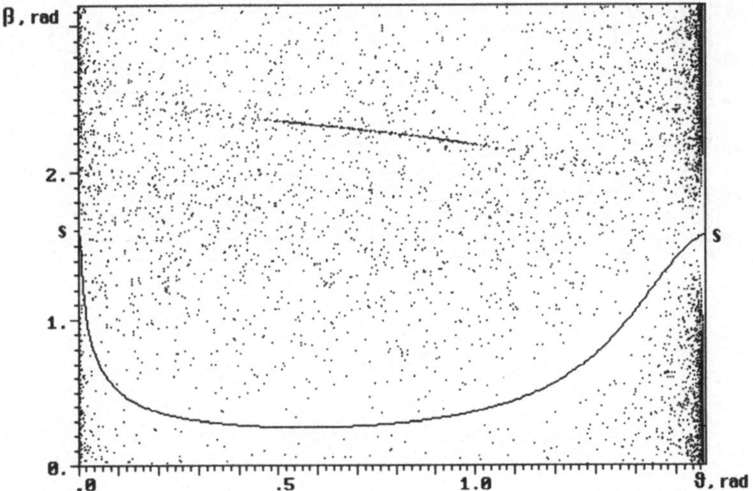

**Bild 36**

Wie wir in den Arbeiten [11], [12] gezeigt haben, existiert ein konservativer Effekt, der zusammen mit dem Propellereffekt nur reguläre periodische Bewegungen erzeugt. In diesem Fall lautet die letzte Gleichung aus (17):

$$\frac{d\lambda}{d\nu} = -\mathrm{ctg}\beta \cos\lambda + \frac{N}{l}\left(\frac{3}{2}\sin^2\vartheta - 1\right)\cos\beta \ . \tag{21}$$

Die zugehörige Phasentrajektorie in der $(\vartheta, \beta)$-Ebene (keine Punktabbildung!) ist für die Parameterwerte $N^{-1} = 0.01$, $fN^{-1} = 0.15$, $\alpha = 0.3$, $\lambda_0 = 0.0$, $l_0 = 2.39$, vgl. Bild 31, in Bild 37 dargestellt. Vergleicht man die Verläufe in beiden Bildern, so stellt man eine gänzlich unterschiedliche Bewegung fest.

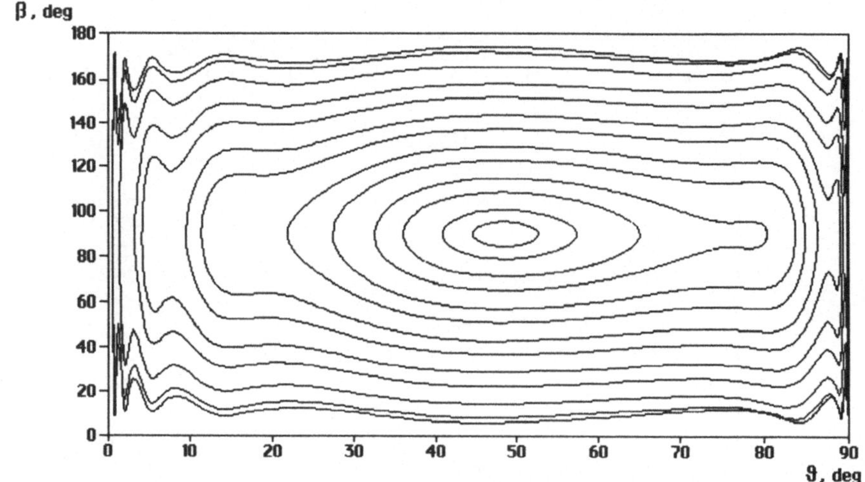


Bild 37

## Literaturverzeichnis zur Vorlesung 2


1. Beletsky, V.V.; Khentov, A.A.: Drehbewegung des magnetischen Satelliten. "Nauka", Moscow, 1985 (in russisch)

2. Beletsky, V.V.: Über Satellitenlibration. In: Artificial Earth Satellites, USSR Ac. Sci. Publ., 1959, No. 3 (in russisch)

3. Xiaohua Tong; Fred P.J. Rimrott: Numerical Studies on Chaotic Planar Motion of Satellites in an Elliptic Orbit. Chaos, Solitons & Fractals Vol. 1, No. 2, 1991

4. Beletsky, V.V.: Motion of an Artificial Satellite about its Center of Mass, Jerusalem, 1966. Auch: NASA-Transl. Publ., 1966 (russ. Original 1965)

5. Beletsky, V.V.: Reguläre und chaotische Bewegungen bei der Aufgabe der Satellitenorientierung (in russisch). Preprint Keldysh-Inst. Appl. Mathem., Moskau, 1990, N 53

6. Beletsky,V.V.: Bewegung von Satelliten um ihren Massenmittelpunkt im Gravitationsfeld. Moskau Universität Verlag, 1975, Moskau (in russisch)

7. Beletsky, V.V.; Pivovarov M.L.; Starostin E.L.: Reguläre und chaotische Bewegungen bei der Aufgabe der Himmelskörperorientierung im Feld mit zwei Gravitationszentren (in russisch). Preprint Keldysh-Inst. Appl. Mathem., Moskau, 1990, N 128

8. Bills, B.G., Kiefer, W.S., Jones, R.L.: Venus gravity: a harmonic analysis. J. Geophys. Research, 1987, 92, No. B.10

9. Beletsky, V.V.; Starostin, E.L.: Reguläre und chaotische Drehungen eines Sonnensatelliten im Sonnenstrahlungsfeld. Prepr. Keldysh-Inst. Appl. Mathem., Moskau, 1991, N 68 (in russisch)

10. Beletsky, V.V.: Der Einfluß der Aerodynamischen Momente auf die Drehbewegung der Proton-Satelliten. Zeitschrift für Flugwissenschaften, 1973, B.21, No. 2

11. Beletsky, V.V.; Prokofjeva, E.V.; Starostin, E.L.: Dynamik der Drehbewegung eines kosmischen Gerätes im Sonnenstrahlenfeld (in russisch). Prepr. Keldysh-Inst. Appl. Mathem., Moskau, 1992, N 47

12. Beletsky, V.V.; Starostin, E.L.: Regular and chaotic rotations of the satellite in sunlight flux. In: Nonlinearity and Chaos in Engineering Dynamics. Ed. Prof. Thompson. John Wiley & Sons Publ., 1994

# Vorlesung 3
# Angewandte Probleme der Stabilität

**Inhalt:**

- System mit Zirkulation

- Die Stabilisierung des zweibeinigen Gehens

- Konservatives System mit Kreiselkräften

- Problem der Bewegung einer Kugel und eines Körpers unter gegenseitiger Gravitation

- Schwingungsgleichungen und Stabilität eines auf einer Kreisbahn umlaufenden Satelliten

- System mit Zirkulation und Kreiselkräften

- Ein elektromagnetisches Seilsystem auf Umlaufbahnen

- System mit Dissipation

- Ein aerodynamisches Bahnseilsystem


Thema dieser Vorlesung sind angewandte Probleme der Stabilität. Ich teile gewisse Ergebnisse mit, die in den letzten Jahren von mir und meinen Schülern bei Untersuchungen der Stabilität und der Stabilisierung von Raumfahrt- und robotertechnischen Systemen erhalten wurden.

Dabei werden als Modellprobleme hauptsächlich solche betrachtet, die die wesentlichen Effekte mit minimalem Aufwand zu beschreiben erlauben. Diese Modellproblemstellungen geben nützliche Informationen für nachfolgende ausführliche Analysen.

Alle betrachteten angewandten Probleme basieren auf einem System von nur zwei linearen zeitinvarianten Differentialgleichungen.

In diesem Zusammenhang ist die Darstellung der Stabilitätsgebiete im Raum der Koeffizienten der charakteristischen Gleichungen oder unmittelbar im Raum der Koeffizienten der Differentialgleichungen von Interesse.

Ein einfaches Beispiel der zu untersuchenden Systeme ist ein sogenanntes **System mit Zirkulation**

$$\ddot{x} + a_{11}x + a_{12}y = 0$$
$$\ddot{y} + a_{21}x + a_{22}y = 0 \tag{1}$$

mit der charakteristischen Gleichung

$$\lambda^4 + a_2\lambda^2 + a_4 = 0 \ , \tag{2}$$

$$a_2 \overset{\Delta}{=} a_{11} + a_{22} \ , \quad a_4 \overset{\Delta}{=} a_{11}a_{22} - a_{12}a_{21} \ .$$

Die Stabilitätsbedingungen im Raum der Koeffizienten der charakteristischen Gleichung lauten:

$$a_2 > 0 \ , \quad a_4 > 0 \ , \quad a_2^2 > 4a_4 \tag{3}$$

bzw. im Raum der Koeffizienten der Differentialgleichung:

$$a_{11} + a_{22} > 0 \ ; \quad a_{11}a_{22} > c \ ; \quad (a_{11} - a_{22})^2 + 4c > 0 \ ; \quad c \overset{\Delta}{=} a_{21}a_{12} \ . \tag{4}$$

Das System (1) ist ein Zirkulationssystem, wenn $a_{12} \neq a_{21}$ ist. Dabei sind die Fälle mit positivem und mit negativem $c = a_{21}a_{12}$ qualitativ verschieden. Im Sonderfall $a_{12} = a_{21} = k$ ist das System (1) konservativ, und damit $c$ positiv. Bei negativem $c$ ist das System (1) im wesentlichen nicht konservativ.

Das Stabilitätsgebiet (3) im Raum der Koeffizienten $(a_2, a_4)$ der charakterisitischen Gleichung ist schraffiert in Bild 1 dargestellt. Im Raum der Koeffizienten $(a_{11}, a_{22})$, $c = $ const., der Differentialgleichung sind die Stabilitätsgebiete (4) ebenfalls schraffiert (Bild 2).

Die Stabilitätsgebiete entsprechen dabei imaginären Eigenwerten.

$a_4$
$a_2^2 = 4a_4$
1
$u^-$
$u^+$
1
2
$a_2$

**Bild 1**

$a_{22}$
I. c>0
$u^+$
$u^-$
$a_{11}$

$a_{22}$
III. c<0
$u^+$
$u^-$
$u^+$
$a_{11}$

$a_{22}$
II. c=0
$u^+$
$u^-$
$a_{11}$
a) $a_{12}=a_{21}=0$

$a_{22}$
$u^-$
$u^+$
$u^+$
$u^-$
$a_{11}$
b) $a_{12}=0,\ a_{21}\neq 0$

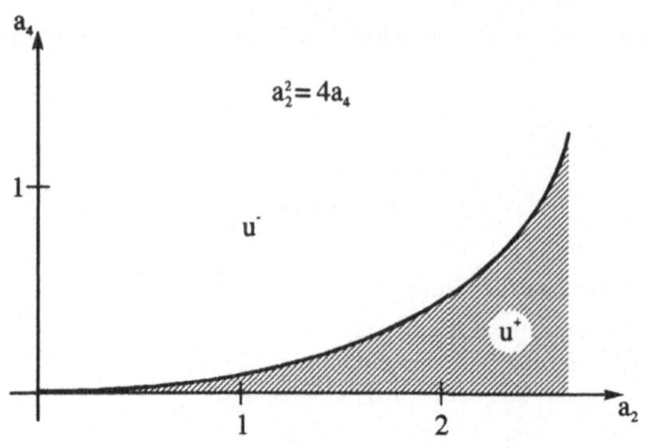

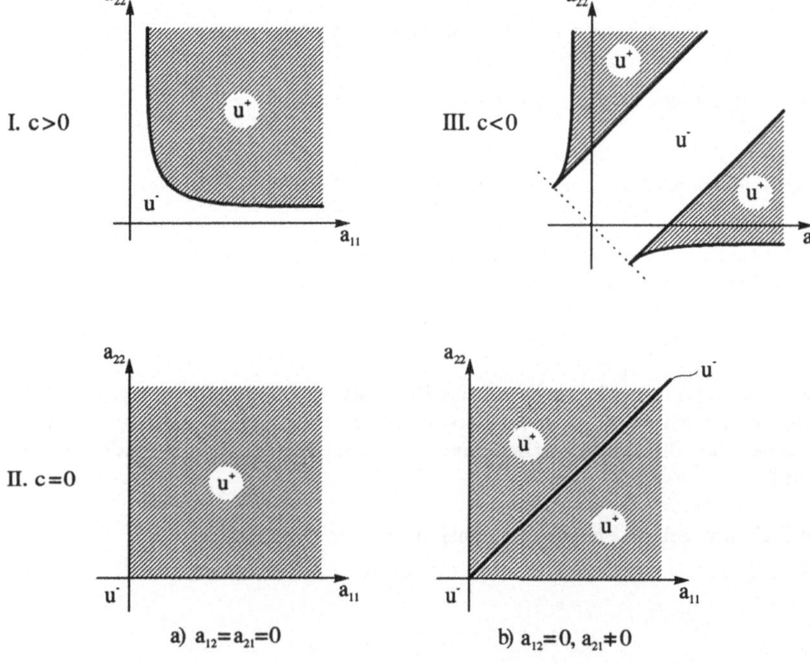

**Bild 2**

**Die Stabilisierung des zweibeinigen Gehens** ist ein Beispiel eines im wesentlichen nicht konservativen System. Dieses Problem wurde von mir gemeinsam mit meiner Schülerin M.D. Golubitskaja untersucht [1] und in der Vorlesung 1 beschrieben.

Ein Körper mit schwerelosen Beinen ohne Füße modelliert einen Zweibeinapparat [2]. Die nichtlineare Gleichung der Körperschwingung bei der horizontalen Bewegung des Aufhängepunktes der Beine ist in Vorlesung 1, Gleichungen (22) - (23), beschrieben. Wenn diese horizontale Bewegung regelmäßig ist, bezeichnet man die Bewegung als komfortabel. Beim komfortablen Gehen besitzt Gleichung (22), Vorlesung 1, die nichtlineare Gleichung der Körperschwingungen mit unstetigen Koeffizienten, eine periodische Lösung, die im allgemeinen instabil ist.

Man kann jedoch sowohl die Körperschwingungen als auch die horizontale Translationsbewegung stabilisieren. Dafür wurde ein linearer Steuerungsalgorithmus mit Rückführung gebildet. Die notwendingen Steuermomente in den Schenkel- und Kniegelenken sollen als explizite Ausdrücke synthetisiert werden.

Den stabilen Parameterwerten $\chi_0, \chi_1$ (Gl. (27) - (28), Vorlesung 1) der Steuerung entspricht genau der Fall des Systems mit wesentlicher Zirkulation. Dann nämlich ist in Gleichung (1)

$$
\begin{aligned}
a_{11} &= \sigma\chi_0 - 1 \quad,\quad a_{12} = \sigma\chi_1 - 1 \;, \\
a_{21} &= -\chi_0 \qquad\;,\quad a_{22} = -\chi_1
\end{aligned}
\tag{5}
$$

und $c = \chi_0(1 - \sigma\chi_1) < 0$ im Stabilitätsgebiet.

Die linearen Bewegungs- und Rückführungsgleichungen sowie die Stabilitätsbedingungen und -gebiete sieht man in Vorlesung 1 (Gleichungen (27), (28) und Bild 6).

Betrachten wir nun ein **konservatives System mit Kreiselkräften**

$$
\begin{aligned}
\ddot{x} + a_{11}x + a_{12}y + 2\omega\dot{y} &= 0 \;, \\
\ddot{y} + a_{21}x + a_{22}y - 2\omega\dot{x} &= 0 \;, \\
a_{21} = a_{12} &\overset{\Delta}{=} k \;.
\end{aligned}
\tag{6}
$$

mit der charakteristischen Gleichung

$$\lambda^4 + \lambda^2 \left[a_{11} + a_{22} + 4\omega^2\right] + \left(a_{22}a_{11} - k^2\right) = 0 \ .$$

Das Vorhandensein der CORIOLIS-Beschleunigung $(2\omega\dot{y}, \ -2\omega\dot{x})$ ist wesentlich. Die Stabilitätsbedingungen im Raum der Koeffizienten der Differentialgleichung lauten:

$$\begin{aligned}
&(a_{22} - a_{11})^2 + 8\omega^2 \left(a_{22} + a_{11}\right) + 16\omega^4 + 4k^2 > 0 \ , \\
&a_{11} + a_{22} + 4\omega^2 > 0 \ , \\
&a_{11}a_{22} > k^2 \ .
\end{aligned} \tag{7}$$

In der Koeffizientenebene sind die Stabilitätsgebiete schraffiert (Bild 3). Man erkennt das sichelähnliche Gebiet der Kreiselstabilität, das durch die tangierende Parabel und Hyperbel begrenzt wird.

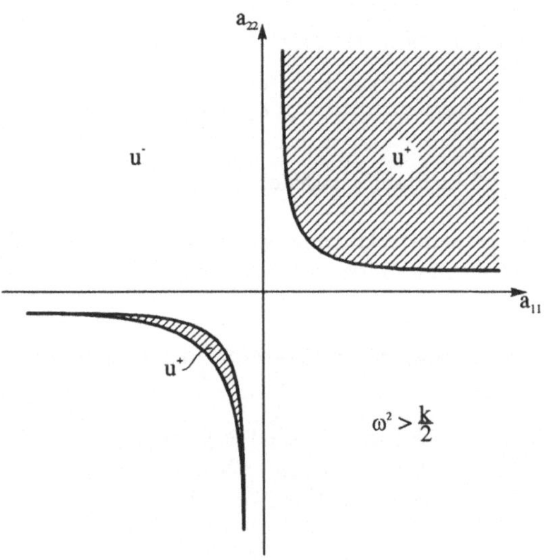


Bild 3

Betrachten wir nun ein **Problem der ebenen Bewegung einer Kugel und eines Körpers unter gegenseitiger Gravitation** (Bild 4).

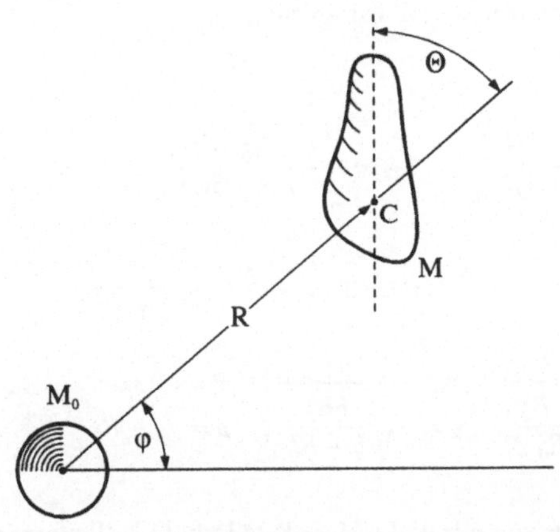


**Bild 4**

Unter bestimmten Existenz-Bedingungen

$$\omega_0^2 \triangleq -\frac{1}{R}\frac{\partial U}{\partial R}\bigg|_0 > 0 \ , \quad \frac{\partial U}{\partial \Theta}\bigg|_0 = 0 \tag{8}$$

gibt es eine relative Gleichgewichtslage, nämlich die stationäre Bewegung

$$\dot{\varphi} = \omega_0 \ , \quad R = R_0 \ , \quad \Theta = \Theta_0 \ . \tag{9}$$

Hier sind

$$U \triangleq \tilde{U}/\overline{M} \ , \quad \overline{M} = \frac{M_0 M}{M_0 + M} \ , \tag{10}$$

mit $\tilde{U} = \tilde{U}(R,\Theta)$ Gravitationspotential, $M_0$ Kugelmasse, $M$ Körpermasse, $R, \varphi, \Theta$ determinierende Koordinaten, vgl. Bild 4. Wir führen noch

$$\mu_0 \triangleq M/\overline{M} = 1 + \frac{M}{M_0} \ , \quad b \triangleq B/\overline{M} \tag{11}$$

ein, wobei $B$ das Hauptträgheitsmoment um die Normalachse ist.

Die Untersuchung der Winkel- und Bahnstabilität der relativen Gleichgewichtslage (9) führt dann zu den Gleichungen (6) und den Bedingungen (7) mit den unten aufgelisteten Werten der Koeffizienten und Variablen:

$$a_{11} = \frac{4R_0^2\omega_0^2}{b + R_0^2} - \omega_0^2 - \left.\frac{\partial^2 U}{\partial R^2}\right|_0 \ ; \quad a_{22} = -\frac{b + R_0^2}{bR_0^2}\left.\frac{\partial^2 U}{\partial \Theta^2}\right|_0 \ ; \quad k = -\sqrt{\frac{b + R_0^2}{bR_0^2}} \cdot \left.\frac{\partial^2 U}{\partial\Theta\partial R}\right|_0 \ ;$$

$$\tag{12}$$

$$k \overset{\Delta}{=} a_{12} = a_{21} \ ; \quad \omega \overset{\Delta}{=} \omega_0\sqrt{\frac{b}{b + R_0^2}} \ ;$$

$$x = \rho\sqrt{\frac{b + R_0^2}{bR_0^2}} \ , \quad y = \vartheta\sqrt{\frac{bR_0^2}{b + R_0^2}} \ , \quad \rho = R - R_0 \ , \quad \vartheta = \Theta - \Theta_0 \ . \tag{13}$$

Einige Ergebnisse der von mir und meiner Schülerin O.N. Ponomareva durchgeführten Untersuchungen [3] sind auf den nächsten Bildern gezeigt.

Als Beispiel für den Körper betrachten wir eine masselose Stange mit verschiedenen Massen $m_1, m_2$ an den Enden (Bild 5).

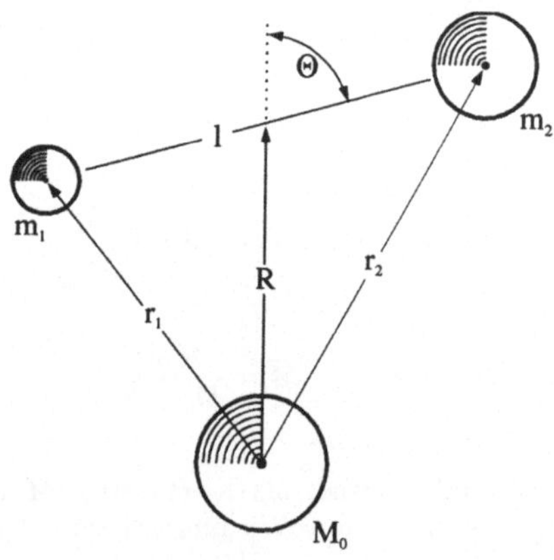


**Bild 5**

In Bild 6 sieht man in der $\left(\frac{m_2}{m_1+m_2},\ \frac{l}{R_0}\right)$-Ebene die Linien, die das Stabilitätsgebiet der radial liegenden Stange ($\Theta = 0$) von oben begrenzen.

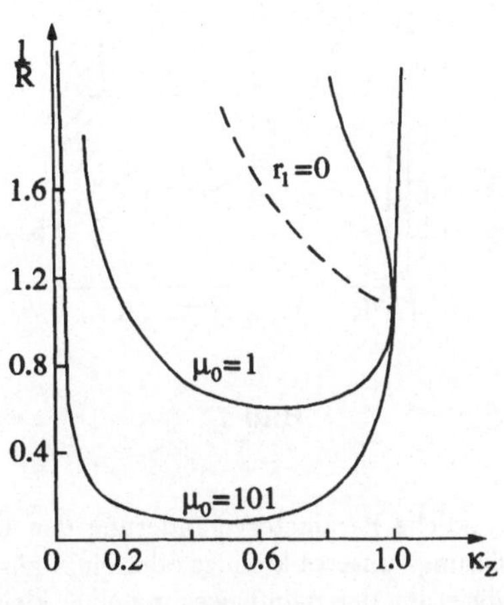


**Bild 6**

Eine solche Stange ist nicht immer stabil. Sie muß hinreichend kurz sein. Zu lange Stangen sind instabil. Insbesondere ist die symmetrische Stange mit kleiner Masse $\left(\frac{m_1+m_2}{M_0} \sim 0,\ m_1 = m_2\right)$ nur dann stabil, wenn die Bedingung

$$\frac{l}{2R_0} < \sqrt{5 - \sqrt{24}} \approx 0.318 \tag{14}$$

erfüllt ist. Hier sind $l$ die Stangenlänge und $R_0$ der Bahnradius.

Der Fall der symmetrischen Stange ist ausführlich untersucht worden.

Bild 7 zeigt das Stabilitätsgebiet der radial liegenden Stange ($\Theta = 0$, doppelt schraffiert) und das Gebiet der Kreiselstabilität der transversal liegenden Stange ($\Theta = \frac{\pi}{2}$, einfach schraffiert) in der Parameterebene. Im übrigen Gebiet der Ebene ist die relative Gleichgewichtslage instabil.

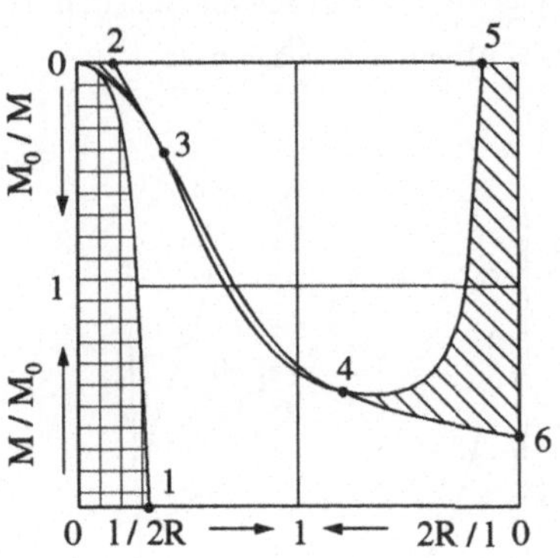

**Bild 7**

Man kann durch kontinuierliche Parameterveränderung den Übergang des Problems der "Gravitationsstabilisierung" unseres Mondes oder eines künstlichen Satelliten zum Problem der Kreiselstabilisierung der Bahnbewegung eines kleinen Satelliten mit einer 24-stündigen Periode (geostationärer Satellit) vollziehen. Für einen der Kugelsymmetrie nahen Körper lautet die Stabilitätsbedingung

$$\frac{B}{MR_0^2} < \frac{1}{3}\frac{M_0}{M + M_0} \tag{15}$$

für "radiale" relative Gleichgewichtslagen ($\Theta = 0$). Die Gleichgewichtslage $\Theta = \frac{\pi}{2}$ ist dann instabil. Andererseits haben wir

$$\frac{B}{MR_0^2} > \frac{1}{3}\frac{M_0}{M + M_0} \tag{16}$$

als Kreiselstabilitätsbedingung für die "transversalen" relativen Gleichgewichtslagen $\left(\Theta = \frac{\pi}{2}\right)$. Dann ist $\Theta = 0$ instabil. Die möglichen Situationen sieht man in Bild 8: 1. Stabilität; 2. und 3. Instabilität; 4. Kreiselstabilität:

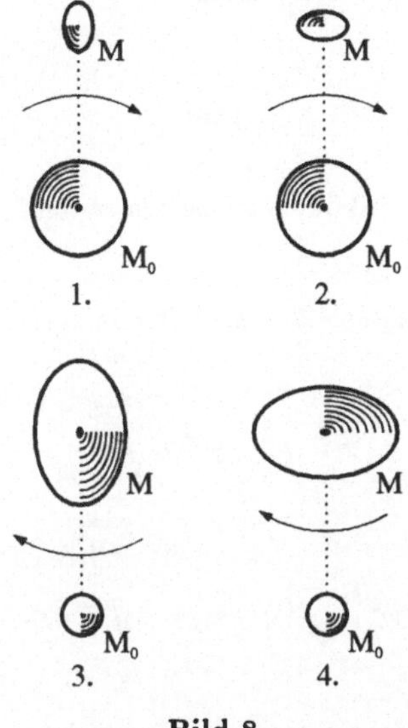

**Bild 8**

In einem weiteren Beispiel betrachten wir die **Schwingungsgleichungen und Stabilität eines auf einer Kreisbahn umlaufenden Satelliten** bei alleiniger Berücksichtigung des Gravitationsmomentes [4]:

$$\ddot{\gamma} + 4\omega_0^2 \frac{B-C}{A}\gamma + \omega_0 \frac{B-C-A}{A}\dot{\alpha} = 0$$

$$\ddot{\alpha} + \omega_0^2 \frac{B-A}{C}\alpha - \omega_0 \frac{B-C-A}{C}\dot{\gamma} = 0 \qquad (17)$$

$$\ddot{\Theta} + 3\omega_0^2 \frac{A-C}{B}\Theta = 0$$

Hier sind $A, B, C$ die Hauptträgheitsmomente. Man sieht, daß die gesamte Drehbewegung des Satelliten in zwei ungekoppelte Teilbewegungen zerfällt: Nickbewegung ($\Theta$) und Roll-Gierbewegung ($\gamma, \alpha$).

Die Nickbewegung ist nur dann stabil, wenn

$$A > C \tag{18}$$

ist. Die Roll-Gierbewegung wird durch die beiden ersten Gleichungen in (17) beschrieben.

Führen wir nun eine neue Variable und neue Parameter ein:

$$x \overset{\Delta}{=} \gamma \; ; \quad y \overset{\Delta}{=} \alpha\sqrt{\frac{C}{A}} \; ; \tag{19}$$

$$a_{11} = 4\omega_0^2\frac{B - C}{A} \; ; \quad a_{22} = \omega_0^2\frac{B - A}{C} \; ; \quad a_{12} = a_{21} \overset{\Delta}{=} k = 0 \; ; \quad \omega = \frac{\omega_0}{2}\frac{B - A - C}{\sqrt{AC}} \; . \tag{20}$$

Dann erhalten wir genau die Gleichungen (6) und die folgenden Stabilitätsbedingungen (7) [4], [5]:

$$4(B - C)C + (B - A)A + (B - A - C)^2 > 0 \; ,$$

$$(B - A)(B - C) > 0 \; ,$$

$$[A(B - A) - 4C(B - C)]^2 + 2(B - A - C)^2\,[A(B - A) + 4C(B - C)] + \\ + (B - A - C)^4 > 0 \; . \tag{21}$$

Außerdem folgt aus der Betrachtung der Nickschwingung, daß $A > C$ sein muß. Wir wollen nun die Bedingungen (18) und (21) in einer $(\delta, \varepsilon)$-Ebene mit

$$\delta = \frac{B}{A} \; , \quad \varepsilon = \frac{C}{A} \tag{22}$$

diskutieren (Bild 9).

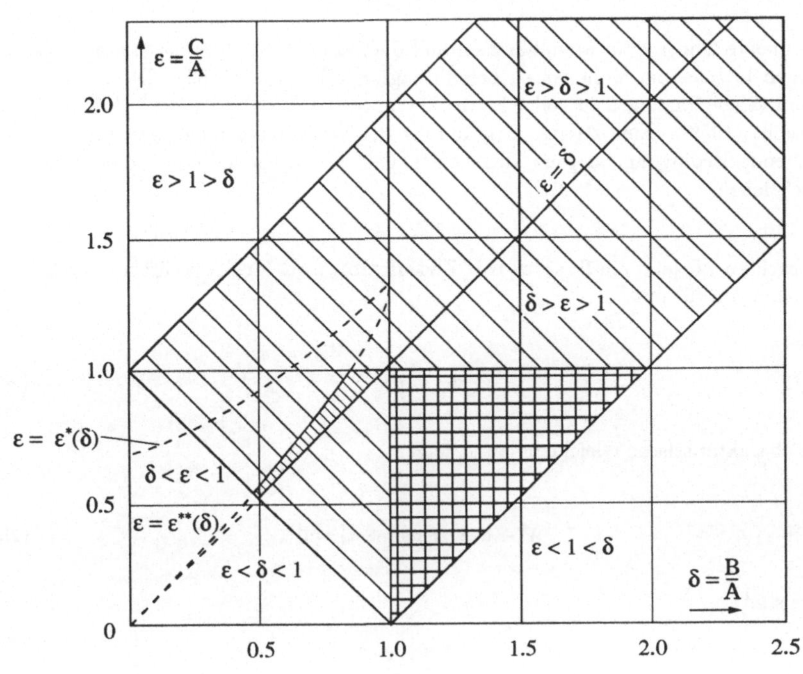


**Bild 9**

Im größeren Dreieck, wo $\delta > 1 > \varepsilon$, d.h.

$$B > A > C \tag{23}$$

ist, sind die Bedingungen (18) und (21) ebenfalls erfüllt. Man kann (23) anschaulich so deuten:

Die Bewegung $\alpha = \gamma = \Theta = 0$ (Relativgleichgewicht) ist stabil, wenn die größte Trägheitsachse in der Richtung der lokalen Vertikalen und die kleinste Trägheitsachse in der Richtung der Normalen zur Bahnebene liegt.

Die numerische Auswertung der Stasbilitätsbedingungen (18) und (21) zeigt, daß diese nicht nur im Bereich (23), sondern auch in einem kleinen Streifen (eng schraffiert im Bild 9) erfüllt wird. Hier haben wir den Kreiselstabilitätsbereich.

Die lineare Theorie der Mondlibration und die Bedingungen (23) als Stabilitätsbedingungen in linearem Sinne waren bereits Lagrange bekannt (1780). Die notwendigen Stabilitätsbedingungen in voller Form (21) wurden erstmals in meiner Arbeit [4] untersucht (1959). Eine strenge Begründung der Stabilitätsbedingungen (23) als hinreichende Bedingung im ganz allgemeinen Fall wurde ebenfalls in dieser Arbeit [4] beschrieben.

Betrachten wir jetzt ein **System mit Zirkulation und Kreiselkräften**, nämlich die Gleichungen (6) mit

$$a_{12} \neq a_{21} \; . \tag{24}$$

Die charakteristische Gleichung lautet jetzt:

$$\lambda^4 + a_2\lambda^2 + a_2\lambda + a_4 = 0 \; . \tag{25}$$

Hier sind

$$a_2 \triangleq a_{22} + a_{11} + 4\omega^2 \; ; \quad a_4 \triangleq a_{22}a_{11} - a_{21}a_{12} \; ; \quad a_3 \triangleq 2\omega\,(a_{12} - a_{21}) \neq 0 \; . \tag{26}$$

Drei Faktoren sind in Wechselwirkung: konservative Glieder, Zirkulations- und Kreiselglieder. Eine paarweise Wechselwirkung von beliebigen zwei dieser Faktoren führt zur Existenz stabiler Bereiche. Die gleichzeitige Wechselwirkung aller drei Faktoren ergibt immer Instabilität! (Bild 10).

Diese Tatsache wird als ein Theorem formuliert:

**Theorem:** Wenn in Gleichugen (25) $a_3 \neq 0$, dann existieren Eigenwerte $\lambda_i$ mit $Re\lambda_i > 0$, d.h. die untersuchte Bewegung ist instabil.

Das allgemeine Theorem für diesen Typus wurde von Dr. A.W. Karapetjan bewiesen.

Konservativ:
$a_{12} = a_{21}$, $\omega = 0$
Ex. Stabilität
Konservativ & Zirkulation:
$a_{12} \neq a_{21}$, $\omega = 0$
Ex. Stabilität
Konservativ & Kreiselglieder:
$a_{12} = a_{21}$, $\omega \neq 0$
Ex. Stabilität
Konservativ & Kreiselglieder & Zirkulation:
$a_{12} \neq a_{21}$, $\omega \neq 0$
Nur Instabilität !
$a_{11}$
$a_{22}$
$u^+$
$u^-$

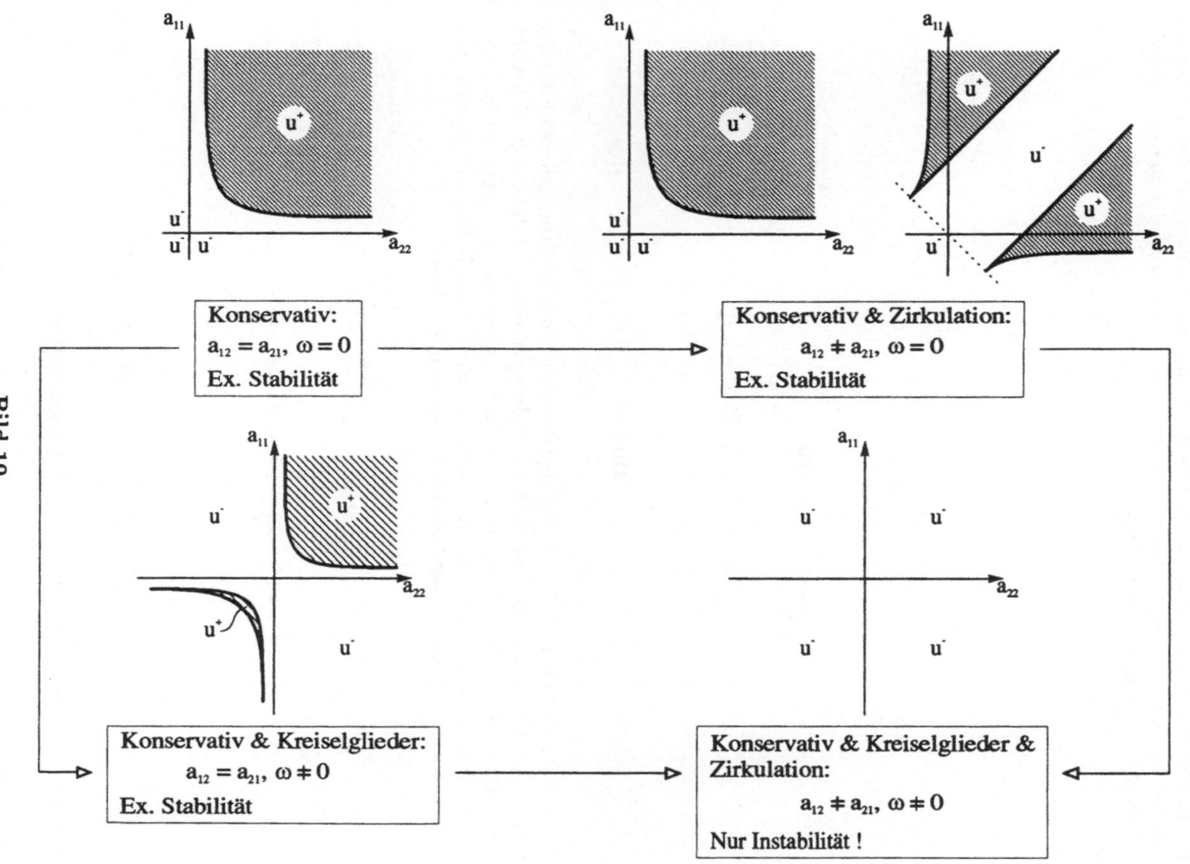

**Bild 10**

Bei Problemen **elektromagnetischer Seilsysteme auf Umlaufbahnen** können wir das Seil als einen masselosen längselastischen Stab modellieren, der von einem Strom der Stärke $I$ durchflossen wird (Bild 11).

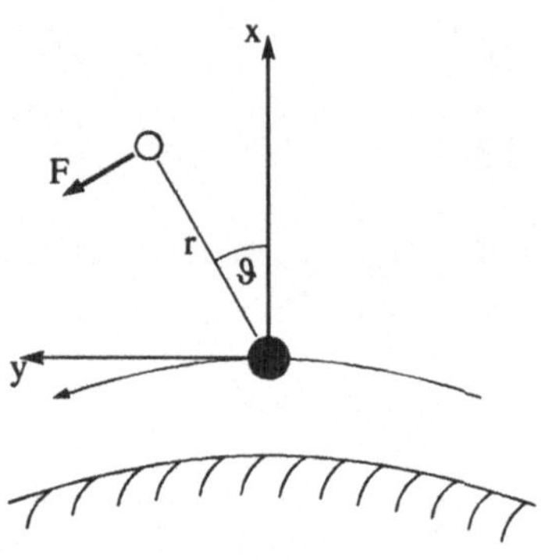


**Bild 11**

Das Seilsystem bewege sich auf einer äquatorialen Erdumlaufbahn mit der Bahnwinkelgeschwindigkeit $\omega_0$. Die Intensität des Erdmagnetfeldes soll dabei mit $H$ bezeichnet werden. Berücksichtigt man den Gravitationsgradienten, die elektromagnetischen Kräfte und die Längselastizität des Stabes, so erhält man die Bewegungsgleichungen einer sich am Ende des Stabes befindenden Sonde in der Form

$$\frac{\ddot{r}}{r} - \dot{\vartheta}^2 - 2\dot{\vartheta} - 3\cos^2\vartheta + E\frac{r-1}{r} = 0$$

$$\ddot{\vartheta} + 2\left(\dot{\vartheta} + 1\right)\frac{\dot{r}}{r} + 3\sin\vartheta\cos\vartheta = -\alpha_0 I H .$$

$$(27)$$

Hier sind

$$r \overset{\Delta}{=} r_A/l \; ; \quad d\tau \overset{\Delta}{=} \omega_0 dt \; ; \quad E = E_A/m\omega_0^2 l \; , \tag{28}$$

wobei die Parameter die folgenden Bedeutungen haben:

$(r_A, \vartheta)$ sind die Polarkoordinaten der Sonde in einer die Bahn begleitenden Basis, $l$ ist die Stablänge, $m$ die Sondenmasse, und $E_A$ der Elastizitätsmodul des Stabes. Der

Parameter $\alpha_0$ beinhaltet lediglich Konstanten und ergibt sich durch dimensionslose Darstellung von (27).

Für einen konstanten Strom $U = I_o = $ const. und

$$|\alpha_0 I H| < \frac{3}{2} \ , \quad E > 3\cos^2 \vartheta_0 \tag{29}$$

existieren stationäre Bewegungen für $\vartheta = \vartheta_0$, $r = r_0$:

$$E\frac{r_0 - 1}{r_0} = 3\cos^2 \vartheta_0 \ , \quad 3\sin \vartheta_0 \cos \vartheta_0 = -\alpha_0 I_0 H \ . \tag{30}$$

Eine Linearisierung der Bewegungsgleichungen (27) um diese stationäre Lösung ergibt

$$\begin{aligned}
\ddot{u} - 2\dot{v} + (3\sin 2\vartheta_0)v + \frac{E}{r_0}u &= 0 \\
\ddot{v} + 2\dot{u} + (3\cos 2\vartheta_0)v &= -\alpha_0 r_0 H \delta I
\end{aligned} \tag{31}$$

mit

$$u \stackrel{\triangle}{=} \delta r \ , \quad v \stackrel{\triangle}{=} r_0 \delta \vartheta \ . \tag{32}$$

Im allgemeinen Fall ist $\delta I \neq 0$. Für $I = I_0 = $ const. folgt $\delta I = 0$. Die linearisierten Gleichungen (31) haben dann wieder die Form von (6) mit den Parametern

$$a_{11} = 3\cos 2\vartheta_0 \ ; \quad a_{12} = 0 \ ; \quad a_{21} = 3\sin 2\vartheta_0 \ ; \quad a_{22} = E/r_0 \quad \omega = 1 \tag{33}$$

und dem charakteristischen Polynom (25) mit

$$a_2 = \frac{E}{r_0} + 3\cos 2\vartheta_0 + 4 \ , \quad a_3 = -6\sin 2\vartheta_0 \ , \quad a_4 = 3\frac{E}{r_0}\cos 2\vartheta_0 \ . \tag{34}$$

Mit $\sin 2\vartheta_0 \neq 0$ ist $a_3 \neq 0$. Das heißt, daß die Gleichgewichtslage instabil ist. Ein magnetisches System mit konstanten Stromstärken ist nicht realisierbar. Die Situation kann durch die Einführung einer Stromsteuerung ($\delta I \neq 0$, z.B. $\delta I = b\dot{v}$), die einer Einführung von Dissipation äquivalent ist, gerettet werden.

Betrachten wir ein **System mit Dissipation:**

$$\begin{aligned}
\ddot{x} + a_{11}x + a_{12}y + b_{11}\dot{x} + 2\omega\dot{y} &= 0 \ , \\
\ddot{y} + a_{21}x + a_{22}y + b_{22}\dot{y} - 2\omega\dot{x} &= 0 \ , \quad b_{11} > 0 \ ; \ b_{22} > 0 \ .
\end{aligned} \tag{35}$$

Die charakteristische Gleichung lautet:

$$\lambda^4 + a_1\lambda^3 + a_2\lambda^2 + a_3\lambda + a_4 = 0 \ , \tag{36}$$

wo

$$\begin{aligned}
a_1 &\overset{\Delta}{=} b_{11} + b_{22} \ , \quad a_2 \overset{\Delta}{=} b_{11}b_{22} + a_{11} + a_{22} + 4\omega^2 \ , \\
a_3 &\overset{\Delta}{=} a_{11}b_{22} + a_{22}b_{11} + 2\omega\left(a_{12} - a_{21}\right) \ , \quad a_4 \overset{\Delta}{=} a_{11}a_{22} - a_{12}a_{21}
\end{aligned} \tag{37}$$

ist. Die Bedingungen für asymptotische Stabilität folgen aus dem Kriterium von Routh-Hurwitz:

$$a_1 > 0 \ , \quad \alpha \overset{\Delta}{=} \frac{a_3}{a_1} > 0 \ , \quad a_4 > 0 \ , \quad a_4 < a_2\alpha - \alpha^2 \tag{38}$$

Die Beziehung zwischen diesem Kriterium und den Stabilitätsbedingungen des Systems ohne Dissipation sind in der Parameterebene $(a_2, a_4)$ der charakteristischen Gleichung veranschaulicht (Bild 12).

Die Stabilitätsbereiche sind schraffiert. Die beiden nicht dargestellten Fälle ($a_1 = 0$; $a_3 \neq 0$) (Zirkulationskreiselinstabilität) und ($a_1 \neq 0$ ; $a_3 = 0$) führen auf Werte $\alpha = \infty$ bzw. $\alpha = 0$ und damit immer zur Instabilität. In beiden dieser Sonderfälle existieren die Stabilitätsbereiche, wie man in Bild 12 sieht, nicht.

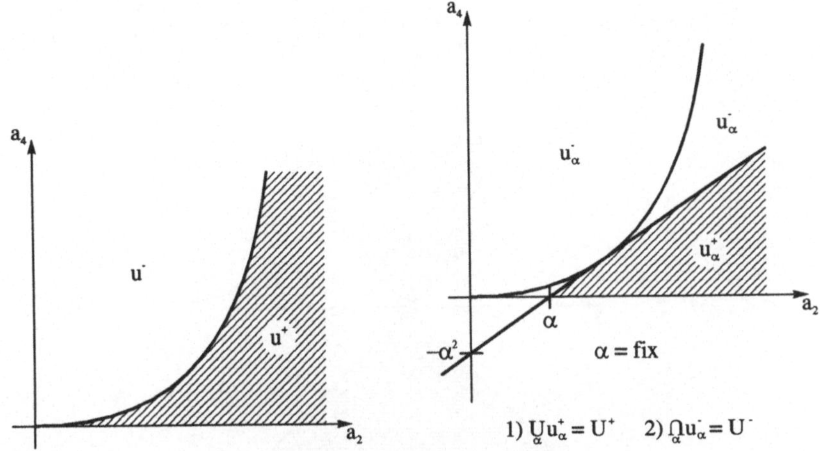


**Bild 12**

Zwei wichtige Sonderfälle lassen sich ebenfalls ableiten:

- Ist $a_{12} = a_{21}$ (Bedingung für konservatives System) und gleichzeitig $a_{11} < 0$, $a_{22} < 0$, dann folgt $a_3 < 0$. Dies bedeutet, daß die Dissipation die Kreiselstabilität in konservativen Systemen zerstört.

- Im allgemeinen Fall ist nicht nur $a_3 \neq 0$, sondern auch $a_1 \neq 0$. Asymptotische Stabilität ist also möglich. Die Zirkulationskreiselinstabilität kann demnach durch Dissipation stabilisiert werden.

Der letzte Fall ist für das elektromagnetische Seilsystem von Bedeutung. Nehmen wir in Gleichungen (31) an, daß $\delta I = b\dot{v}$, $\alpha_0 b > 0$ ist, dann haben wir die charakteristische Gleichung in der Form (36) mit

$$a_1 = \alpha_0 b r_0 H \neq 0 , \quad a_2 = 4 + \frac{E}{r_0} + 3\cos 2\vartheta_0 ,$$
$$a_3 = \alpha_0 b E H - 6\sin 2\vartheta_0 , \quad a_4 = 3\frac{E}{r_0}\cos 2\vartheta_0 .$$

Asymptotische Stabilität ist also möglich. Die Hauptstabilitätsbedingungen lauten nämlich (Bild 13)

$$1)\ b > b_*(\vartheta_0)\ ;\quad 2)\ \left(-\frac{\pi}{4} < \vartheta_0 < \frac{\pi}{4}\right) \bigvee \left(\frac{3}{4}\pi < \vartheta_0 < \frac{5}{4}\pi\right)\ . \tag{39}$$

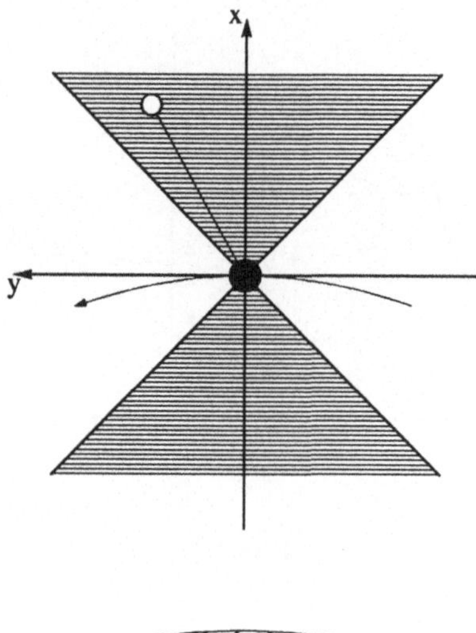


**Bild 13**

Mein Schüler Dr. E.M. Levin führte Rechnungen unter Berücksichtigung der Masse und der Biegesteifigkeit des Seiles durch [6]. Die Ergebnisse zeigt Levins Bild 14.

Hier sind $I$ die Stromstärke, $d_t$ der Seildurchmesser, $m_t$ die Seilmasse, $W$ die Leistung im Generationsregime, $F_\varphi$ die mechanischen Kräfte im Kraftregime, $G_t$ der Stromwiderstand für 10 km Seillänge.

Es stellt sich dabei heraus, daß stabile Seillagen nur für Winkel $\vartheta_0$ möglich sind, für die gilt:

$$\left(0 < \vartheta_0 < \frac{\pi}{4}\right) \bigvee \left(\pi < \vartheta_0 < \frac{5}{4}\pi\right)\ . \tag{40}$$

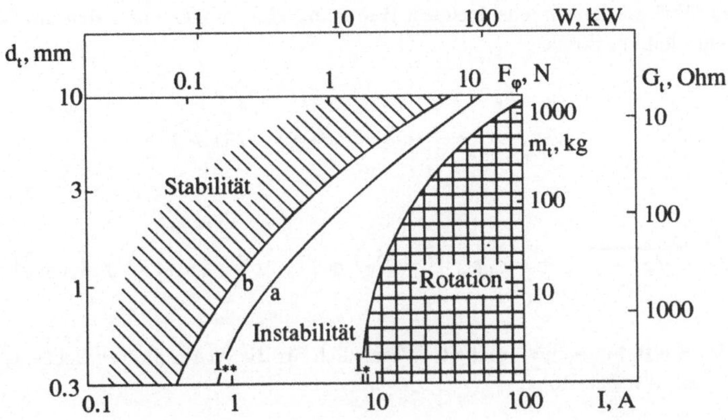


**Bild 14**

Ein weiteres Projekt mit einem Seilsystem in einer Umlaufbahn dient zur **Messung der Atmosphäre** (Bild 15).

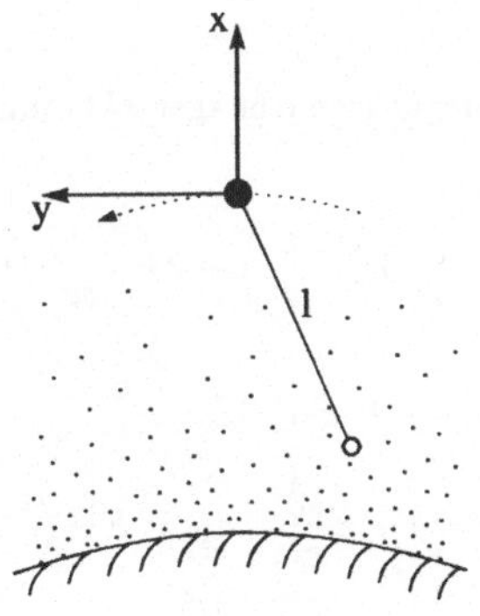


**Bild 15**

Die Bewegungsgleichungen sind unter den selben Voraussetzungen wie für das elektromagnetische Seilsystem aufgestellt. Der Luftwiderstand tritt dabei an die Stelle der elektromagnetischen Kräfte. Der Gradient der Atmosphärendichte wird berücksichtigt. Dies führt zu den dimensionslosen Bewegungsgleichungen einer sich am Ende des Stabes befindenden Sonde

$$\begin{aligned}
\ddot{x} - 2\dot{y} - 3x &= -c\rho_a v\dot{x} - E(r-1)\frac{x}{r} \ , \\
\ddot{y} + 2\dot{x} &= -c\rho_a v\,(R_0 + \dot{y}) - E(r-1)\frac{y}{r} \ ,
\end{aligned} \tag{41}$$

$$r \triangleq r_A/l = \sqrt{x^2 + y^2} \ , \quad \tau = \omega_0 t \ , \quad E = E_A/m\omega_0^2 l \ , \quad v \triangleq V_A/\omega_0 l = \sqrt{(R_0 + \dot{y})^2 + \dot{x}^2} \ . \tag{42}$$

Hier ist $V_A$ die Bahngeschwindigkeit. Wesentlich für die Atmosphärendichte $\rho_a$ ist ihre Abhängigkeit von der Höhe:

$$\rho_a = \rho_a(R) \ , \quad R = \sqrt{(R_0 + x)^2 + y^2} \ . \tag{43}$$

Für

$$E > 3 \ , \quad c\rho_a(R_0)R_0^2 < 3r_0 \tag{44}$$

existiert die stationäre Bewegung

$$r_0 = \frac{E}{E-3} \ , \quad q_0 = -\frac{c\rho_a(R_0)}{3}R_0^2 \ , \quad x_0 = -\sqrt{r_0^2 - y_0^2} \ . \tag{45}$$

Eine Linearisierung der Bewegungsgleichungen (41) um (45) liefert

$$\begin{pmatrix} \delta\ddot{x} \\ \delta\ddot{y} \end{pmatrix} + \begin{pmatrix} a_{11}a_{12} \\ a_{21}a_{22} \end{pmatrix} \begin{pmatrix} \delta x \\ \delta y \end{pmatrix} + 2\begin{pmatrix} -\delta\dot{y} \\ \delta\dot{x} \end{pmatrix} + \beta\begin{pmatrix} \delta\dot{x} \\ 2\delta\dot{y} \end{pmatrix} = 0 \ , \tag{46}$$

was dem System (35) mit $\omega = -1$ und

$$a_{11} = E\frac{x_0^2}{r_0^3} \ , \quad a_{22} = 3 + E\frac{y_0^2}{r_0^3} \ , \quad a_{12} = E\frac{x_0 y_0}{r_0^3} \ , \quad a_{21} = E\frac{x_0 y_0}{r_0^3} + \kappa \ ;$$

$$\kappa = c\left(\frac{\partial\rho_a}{\partial R}\right)_0 R_0^2 < 0 \ ; \ b_{11} = \beta \ , \ b_{22} = 2\beta \ ; \ \beta = c\rho_a R_0 \tag{47}$$

entspricht. Dies führt zu einer charakteristischen Gleichung (36) mit den Werten:

$$a_1 = 3\beta \ , \quad a_2 = 4 + 2\beta^2 + E \ ; \quad a_3 = 2\kappa + \beta E \left( 1 + \frac{x_0^2}{r_0^3} \right) \ , \quad a_4 = 3E \frac{x_0^2}{r_0^3} \ . \tag{48}$$

Der Dichtegradient $\kappa$ der Atmosphäre schafft ein Zirkulationsglied ($a_{12} - a_{21} = -\kappa \neq 0$), die mögliche Instabilität wird aber von der Luftreibung ($\beta$) kompensiert.

Die Hauptstabilitätsbedingung lautet

$$E > - \left. \frac{\partial \rho_a}{\partial R} \frac{R}{\rho_a} \right|_0 \ . \tag{49}$$

Sie besagt, daß das Seil genügend steif sein muß. In Bild 16 aus [6] sind Ergebnisse einer Berechnung von E.M. Levin dargestellt, die die Masse und Biegesteifigkeit des Seils berücksichtigen. Die untere Grenze des Stabilitätsgebietes von Levin stimmt praktisch mit der Grenze überein, die von den hier beschriebenen analytischen Stabilitätsbedingungen (49) dargestellt wird. In Bild 16 sind $n_A$ die Höhe der Sonde, $d_t$ der Seildurchmesser und $m_t$ die Seilmasse.

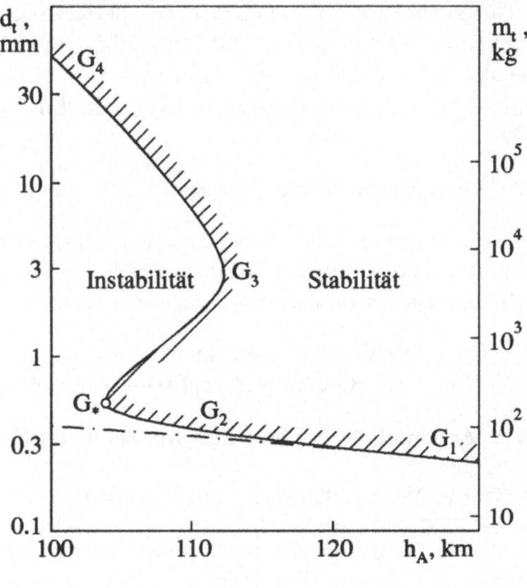


**Bild 16**

**Aerodynamische Stabilisierung.** Der Gleichungssatz (41) besitzt eine weitere stationäre Lösung,

$$x_0 = 0 \ , \quad |y_0| = 1 + \frac{c\rho_a R_0^2}{E} \ , \quad y_0 < 0 \ , \tag{50}$$

die sogenannte "Pfeilbewegung" mit aerodynamischer Stabilisierung.

Die Hauptstabilitätsbedingungen sind hier

$$\beta R_0 > 3r_0 \ , \quad \left(\frac{\beta R}{r_0} - 3\right) + \frac{E}{2} > -\frac{\partial \rho_a}{\partial R}\frac{R}{\rho_a} \ . \tag{51}$$

Die erste Bedingung fordert, daß die aerodynamischen Kräfte größer sein müssen als die durch den Gravitationsgradienten erzeugten Kräfte. Die zweite Ungleichung bedeutet, daß die mögliche Instabilität auf Grund des Atmosphärendichtegradienten durch Luftreibung kompensiert werden muß.

# Literaturverzeichnis zur Vorlesung 2


1. Beletsky, V.V.; Golubitskaja, M.D.: Stabilität und Resonanz-Phänomene beim Zweibeinigen Gehen (in russisch und englischer Übersetzung). "Prikladnaja Matematika i Mechanika" (Appl. Math. und Mechanik), 1991, N 2.
   Auch in: Beletsky V.V.: Nonlinear effects in dynamics of controlled two-legged walking. Nonlinear Dynamics in Engineering Systems. Ed. W. Schiehlen. Springer Verlag, 1990

2. Beletsky, V.V.: Zweibeiniges Gehen (in russisch). Moskau, "Nauka", 1984

3. Beletsky, V.V.; Ponomareva O.N.: A parametric analysis of relative equilibrium stability in the gravitational field. "Kosmitscheskie Issledovania" ("Cosmic Research") t.28, N 5, 1990 (in russisch und englischer Übersetzung)

4. Beletsky, V.V.: Über Satellitenlibration. In: Artifical Earth Satellites, USSR Ac. Sci. Publ., 1959, No. 3 (in russisch und englischer Übersetzung)

5. Beletsky, V.V.: Motion of an Artifical Satellite about its Center of Mass, Jerusalem, 1966.
   Auch: NASA-Transl. Publ., 1966 (russ. Original 1965)

6. Beletsky,V.V.; Levin, E.M.: Dynamics of space tether system. Univelt Publ., San Diego, 1993 (russ. Original 1991)

# Vorlesung 4

## Billard im Gravitationsfeld:<br>Reguläre und chaotische Bewegungen[1]

**Inhalt:**

1. Die Aufgabenstellung

2. Ein Berechnungsalgorithmus

3. Die periodischen Lösungen

4. Die Poincare-Abbildung

5. Einige Anmerkungen

## 1  Die Aufgabenstellung

Es wird ein dynamisches Billardproblem betrachtet. Untersucht wird die Bewegung
einer Punktmasse im homogenen Gravitationsfeld innerhalb eines vertikal stehenden
Kreises. Der Stoß zwischen Kugel und Kreisberandung wird voll elastisch angenommen. Damit man die Auswirkung der Systemparameter und der Energiekonstante auf
das Bewegungsverhalten untersuchen kann, führt man eine Phasenebene mit den Koordinaten Winkel und Winkelgeschwindigkeit zum Stoßpunkt ein. Betrachtet werden
eine Reihe von Phasenportraits der Differentialgleichung bei unterschiedlichen Energieniveaus, die mit der Punktabbildung von Poincare gewonnen werden. Chaotische und
reguläre, insbesondere periodische Lösungen des Problems werden dargestellt, wobei
die Existenz und die Stabilität der symmetrischen und unsymmetrischen periodischen
Lösungen (ein-, zwei-, ... sechsgliedrige periodische Trajektorien) analytisch und numerisch untersucht und für die chaotischen Lösungen die Ljapunov-Exponenten berechnet
werden.

In Bild 1a sind zwei mögliche dynamische Modellierungen unserer Aufgabe dargestellt.

---

[1]Diese Untersuchungen habe ich zusammen mit meinen Kollegen G.V. Kasatkin und E.L. Starostin
gemacht.

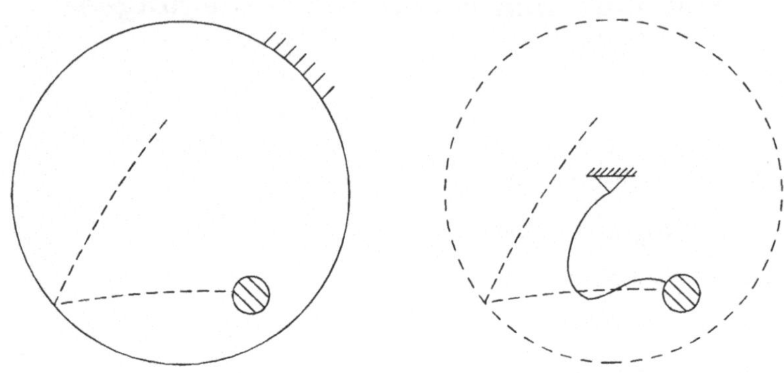

**Bild 1a**

Links sieht man den Massenpunkt innerhalb eines vertiakl stehenden Kreises und rechts ein Fadenpendel. Die Bewegungsgleichungen dieses Problems lauten:

$$\ddot{\boldsymbol{r}} = -\boldsymbol{e} \ ; \quad \| \, \boldsymbol{r} \, \| \leq 1 \ ; \quad \boldsymbol{v}_+ = \boldsymbol{v}_- - 2(\boldsymbol{v}_- \cdot \boldsymbol{n})\boldsymbol{n} \tag{1}$$

$$\boldsymbol{r} = \frac{\boldsymbol{R}}{l} \ ; \quad v = \frac{V}{\sqrt{gl}} \ ; \quad t = \sqrt{\frac{g}{l}}\,T \tag{2}$$

Dabei ist (Bild 1b) $\boldsymbol{R}$ der Ortsvektor zur Punktmasse und $\boldsymbol{V}$ ihre Geschwindigkeit; $T$ ist die laufende Zeit, $l$ der Kreisradius, $g$ die Beschleunigungskonstante im homogenen Gravitationsfeld und $\boldsymbol{e}$ der Einheitsvektor in vertikaler Richtung; $\boldsymbol{v}_-$ und $\boldsymbol{v}_+$ sind die bezogenen Geschwindigkeiten der Masse kurz vor und nach dem Stoß, und $\boldsymbol{n}$ die Normale, die ins Innere zeigt.

Die Gleichungen (1) besitzen ein erstes Integral, nämlich das Energieintegral

$$\frac{1}{2}v^2 + y = h \ , \tag{3}$$

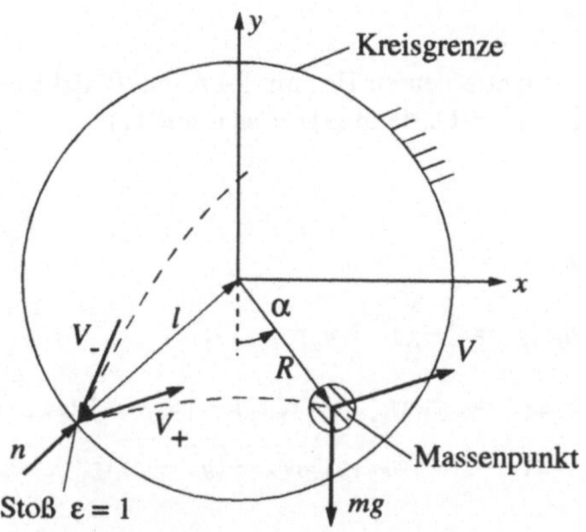


**Bild 1b**

wobei $y$ die Vertiaklkoordinate für unseren Massenpunkt ist (Bild 1b).

## 2  Ein Berechnungsalgorithmus

Der Phasenraum unserer Aufgabe (1) ist vierdimensional. Während des Stoßes ist der Abstand der Masse vom Mittelpunkt bekannt ($\|\boldsymbol{r}\| = 1$) und ein Energieniveau fixiert, der Phasenraum hat also hier nur zwei Dimensionen. Mit Hilfe der Kinematikbedingungen

$$
\begin{aligned}
\boldsymbol{r} &= \begin{pmatrix} x \\ y \end{pmatrix} = \begin{pmatrix} r\sin\alpha \\ -r\cos\alpha \end{pmatrix} \\[2mm]
\boldsymbol{v} &= \begin{pmatrix} \dot{x} \\ \dot{y} \end{pmatrix} = \begin{pmatrix} \dot{r}\sin\alpha + r\cos\alpha\,\dot{\alpha} \\ -\dot{r}\cos\alpha + r\sin\alpha\,\dot{\alpha} \end{pmatrix}
\end{aligned}
\tag{4}
$$

kann eine Phasenebene mit den Koordinaten $\alpha$ und $\dot{\alpha}$ zum Stoßzeitpunkt eingeführt und dort die Phasentrajektorien untersucht werden. $\alpha$ ist dabei der Winkel und $\dot{\alpha}$ die Winkelgeschwindigkeit zum Stoß. Die Bewegungsgleichungen von einem Stoß zum nächsten können vollständig integriert werden, was sehr nützlich für die folgenden Untersuchungen ist.

Wenn wir die Phasenvariablen zu Beginn des $n$-ten Trajektoriengliedes mit $x_n$, $y_n$, $\dot{x}_n$, $\dot{y}_n$ bezeichnen ($x_n^2 + y_n^2 = 1$), dann ergibt sich mit (1):

$$
\begin{aligned}
x_{n+1} &= \dot{x}_n \tau + x_n \ , \\
y_{n+1} &= -\frac{1}{2}\tau^2 + \dot{y}_n \tau + y_n \ , \\
\dot{x}_{n+1} &= \dot{x}_n \left(y_{n+1}^2 - x_{n+1}^2\right) - (\dot{y}_n - \tau)\, 2x_{n+1}y_{n+1} \ , \\
\dot{y}_{n+1} &= -2x_{n+1}y_{n+1}\dot{x}_n - (\dot{y}_n - \tau)\left(y_{n+1}^2 - x_{n+1}^2\right) \ .
\end{aligned}
\tag{5}
$$

Wegen

$$
x_n^2 + y_n^2 = 1 \ , \quad x_{n+1}^2 + y_n^2 = 1
\tag{6}
$$

haben wir auch

$$
\tau^3 - 4\dot{y}_n\tau^2 + 4\left(\dot{x}_n^2 + \dot{y}_n^2 - y_n\right)\tau + 8\left(x_n\dot{x}_n + y_n\dot{y}_n\right) = 0 \ .
\tag{7}
$$

Daraus läßt sich ein Berechnungsalgorithmus ableiten, der den Zustand zu $n + 1$ in Abhängigkeit des Zustandes zu $n$ angibt:

$$
(x_n,\ y_n,\ \dot{x}_n,\ \dot{y}_n) \Rightarrow \tau(7) \Rightarrow (x_{n+1},\ y_{n+1})\,(4) \Rightarrow \dot{x}_{n+1},\ \dot{y}_{n+1}(5) \ .
\tag{8}
$$

In diesem Algorithmus ist es für die Stabilitäts- und Existenzuntersuchung zweckmäßig, den Parameter $\tau$ aus (5) zu eliminieren und mit Hilfe von (4) zu neuen Variablen

$$
\alpha \ , \quad a \stackrel{\Delta}{=} \dot{\alpha} \ , \quad b \stackrel{\Delta}{=} -\dot{r}
\tag{9}
$$

überzugehen. Man sieht dann, daß die Winkelkoordinate $\alpha$, die Winkelgeschwindigkeit $\dot{\alpha} \stackrel{\Delta}{=} a$ und die Radialgeschwindigkeit $b \stackrel{\Delta}{=} -\dot{r}$ die Stöße $n$ und $n + 1$ nach folgenden Gleichungen verbindet:

$$a_{n+1} \cos \alpha_{n+1} + b_{n+1} \sin \alpha_{n+1} = a_n \cos \alpha_n - b_n \sin \alpha_n \; ; \tag{10}$$

$$\frac{1}{2} \left( b_{n+1}^2 - a_{n+1}^2 \right) \sin 2\alpha_{n+1} + a_{n+1} b_{n+1} \cos 2\alpha_{n+1} - \sin \alpha_{n+1} =$$
$$= \frac{1}{2} \left( b_n^2 - \alpha_n^2 \right) \sin 2\alpha_n - a_n b_n \cos 2\alpha_n - \sin \alpha_n \; ; \tag{11}$$

$$\frac{1}{2} \left( a_{n+1}^2 + b_{n+1}^2 \right) - \cos \alpha_{n+1} = \frac{1}{2} \left( a_n^2 + b_n^2 \right) - \cos \alpha_n (= h) \; . \tag{12}$$

Wir bezeichnen eine Trajektoie als "$k$-gliedrig periodisch", wenn sie nach genau $k$ Stößen wieder ihre Anfangskoordinaten annimmt. Möglich sind eingliedrige, zweigliedrige und mehrgliedrige periodische Bewegungen. Damit sind in den Gleichungen (10) – (12) die Bedingungen für die Existenz solcher Bewegungen enthalten.

Für Koordinatenvariationen wird zusätzlich die linearisierte Form der Abbildung (10) – (12) verwendet:

$$P_{n+1} \left( \alpha_{n+1}, \, a_{n+1}, \, b_{n+1} \right) \begin{pmatrix} \delta_{n+1} \\ p_{n+1} \\ q_{n+1} \end{pmatrix} = Q_n \left( \alpha_n, \, a_n, \, b_n \right) \begin{pmatrix} \delta_n \\ p_n \\ q_n \end{pmatrix} \; , \tag{13}$$

mit

$$\delta_n \overset{\triangle}{=} \delta \alpha_n \; , \quad p_n \overset{\triangle}{=} \delta a_n \; , \quad q_n \overset{\triangle}{=} \delta b_n \tag{14}$$

und

$$\begin{matrix} P \\[1em] Q \end{matrix} = \left\| \begin{matrix} -a \sin \alpha \pm b \cos \alpha & \cos \alpha & \pm \sin \alpha \\[0.8em] (b^2 - a^2) \cos 2\alpha \mp 2ab \sin 2\alpha - \cos \alpha & -a \sin 2\alpha \pm b \cos 2\alpha & \pm a \cos 2\alpha + b \sin 2\alpha \\[0.8em] \sin \alpha & a & b \end{matrix} \right\| \tag{15}$$

Für $P$ sind die oberen, und für $Q$ die unteren Vorzeichen gültig.

Die charakteristische Gleichung lautet:

$$\det \; \| \, \Omega - \lambda E \, \| = 0 \; , \tag{16}$$

mit

$$\Omega = P_0^{-1} Q_{k-1} P_{k-1}^{-1} Q_{k-2} \ldots P_1^{-1} Q_0 \tag{17}$$

und

$$\det \parallel P \parallel = \det \parallel Q \parallel = b \; ; \quad \det \parallel \Omega \parallel = b_0^{-1} b_{k-1} b_{k-1}^{-1} \ldots b_0 = 1 \; . \tag{18}$$

Damit ist es dann möglich, die charakteristische Gleichung in der Form

$$(1 - \lambda)(\lambda^2 + 2s\lambda + 1) = 0 \tag{19}$$

zu konstruieren und mit ihr die Stabilität der Bewegung zu untersuchen.

Eine $k$-gliedrige periodische Bewegung ist genau dann stabil, wenn ihre Modulwerte nicht größer als Eins sind, wenn also der Parameter $|s|$ kleiner oder gleich Eins ist:

$$\parallel s \parallel \leq 1 \; . \tag{20}$$

Die Werte des Parameters $s$ sind relativ aufwendig zu bestimmen. Sie wurden numerisch oder analytisch gewonnen, je nachdem, wie es im speziellen Fall günstiger war.


## 3  Die periodischen Lösungen

Jede periodische Bewegung gehört einer einparametrischen Menge an. Der Parameter ist entweder der Anfangswinkel $\alpha_0$, dann ist die Energiekonstante $h$ eine Funktion von $\alpha_0$, $h = h(\alpha_0)$, oder $h$, wenn $\alpha_0$ einen festen Wert für alle Bewegungen innerhalb dieser Menge hat.

Wenn wir also eine Parameterebene $(\alpha_0, h)$ einführen, dann ist es möglich, dort die Existenz- und Stabilitätsbedingungen zu untersuchen. Diese sind in Bild 2 dargestellt.

h
2.0
1.5
1.0
0.5
0.0
-0.5
-1.0
-1.5
4.2
3.4
4.3
2.2
3.3
4.4
2.1
4.6
2.3
4.5
3.1
4.1
6.1
2.2
3.2
Grenze
instabil
stabil
0
30
60
90
120
150
180
$\alpha_0$

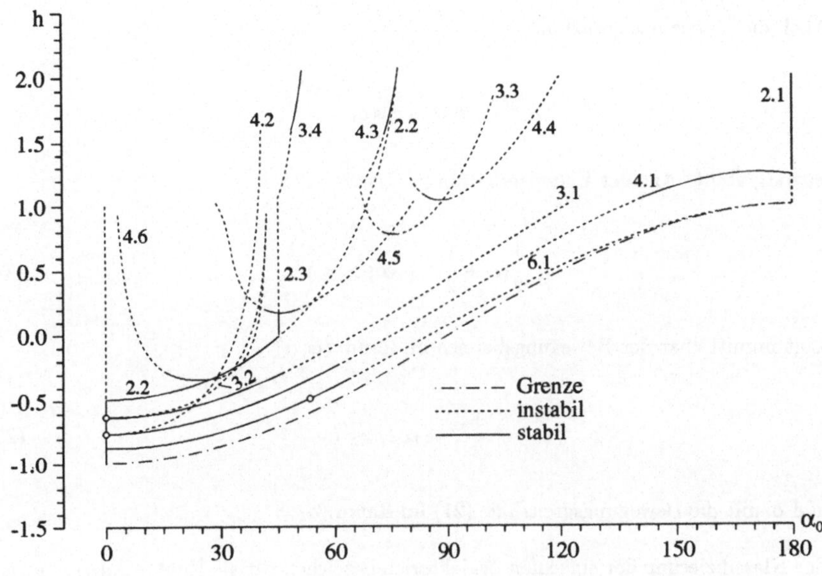

**Bild 2**

Die Bereiche, in denen periodische Bewegungen existieren, sind durchgezogen oder
punktiert eingezeichnet. Die durchgezogenen Linien entsprechen stabilen Lösungen,
die punktierten Linien entsprechen instabilen Lösungen.

Auch die Bewegungsgrenzlinie

$$h = -\cos\alpha_0 \tag{21}$$

ist dargestellt. Aus der Energieerhaltung

$$\frac{1}{2}\dot\alpha^2 + \frac{1}{2}\dot r^2 - \cos\alpha = h \ , \tag{22}$$

folgt unmittelbar der Bewegungsbereich im Raum $(\alpha,\dot\alpha)$

$$\frac{1}{2}\dot\alpha^2 - \cos\alpha \le h \tag{23}$$

und damit die Bewegungsgrenzlinie (21) im Raum $(\alpha_0, h)$.

Zur Klassifizierung der einzelnen Trajektorien bezeichen wir als Knoten $i$, $U_i(\alpha_i, a_i, b_i)$,
die Phasenkoordinaten zu Beginn des $i$-ten Gliedes einer periodischen Bewegung. Der
Index $k.m$ steht für eine $k$-gliedrige Bewegung mit Nummer $m$. Der Index 3.2 bedeutet
zum Beispiel, daß es sich hier um eine dreigliedrige Trajektorie mit der Nummer 2
handelt. Der Index 4.5 gehört zu einer viergliedrigen Trajektorie mit der Nummer 5,
usw.

Jede Menge von Trajektorien wird folgendermaßen beschrieben: Durch die Knoten
(Symbol $U$:); die Existenzbedingungen (Symbol $\exists$:); die Stabilitätsbedingungen (Symbol $St$:); die Trajktorieneigenschaften (Symbol $\Delta$:); die Trajektorienbilder, die Darstellung der Poincare-Abbildung in der Ebene $(\alpha,\dot\alpha)$.

Die periodischen Trajektorien und ihre Punktabbildungen mit kleinen Umkreisen sind
im Bild 3 mit den Indices $1.1,\ldots 6.1$ dargestellt.

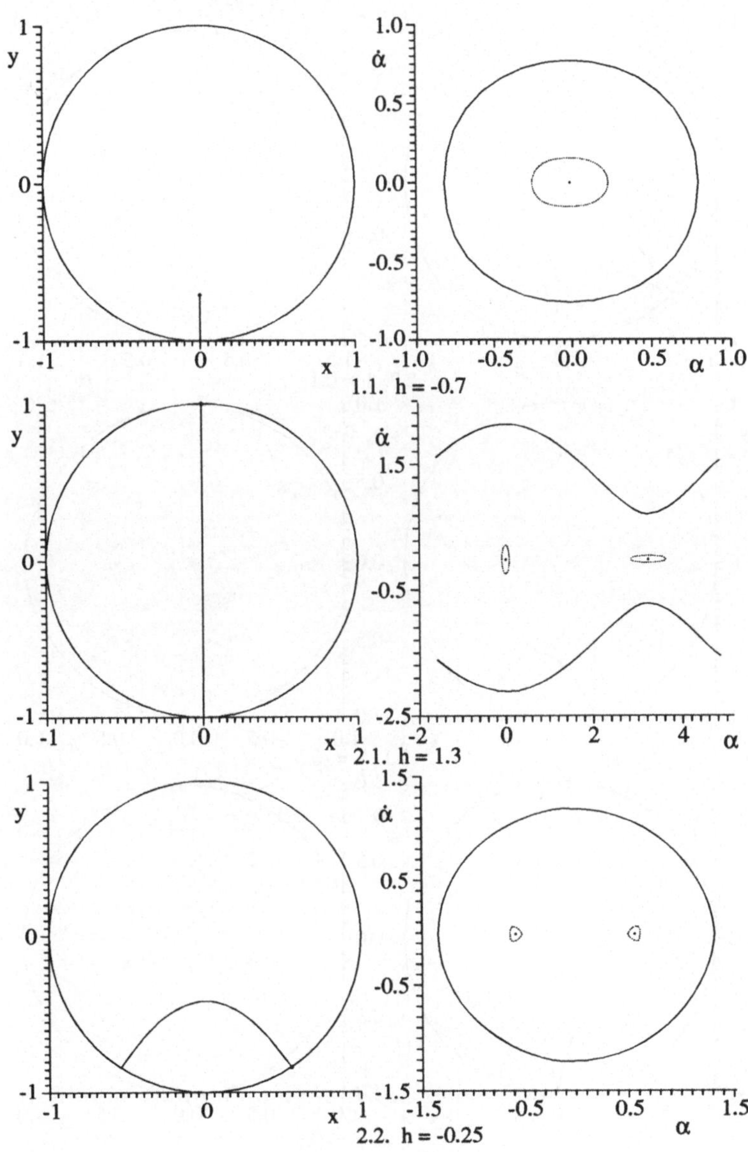



**Bild 3, 1.1 − 2.2**

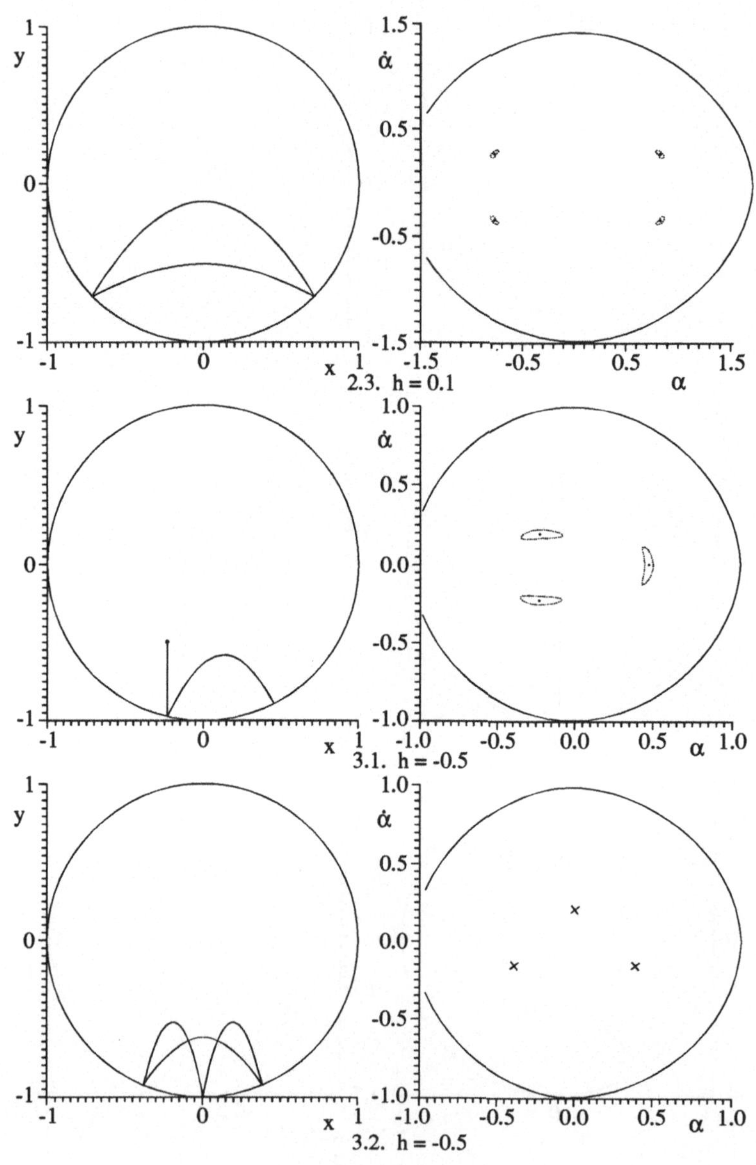


**Bild 3, 2.3 – 3.2**

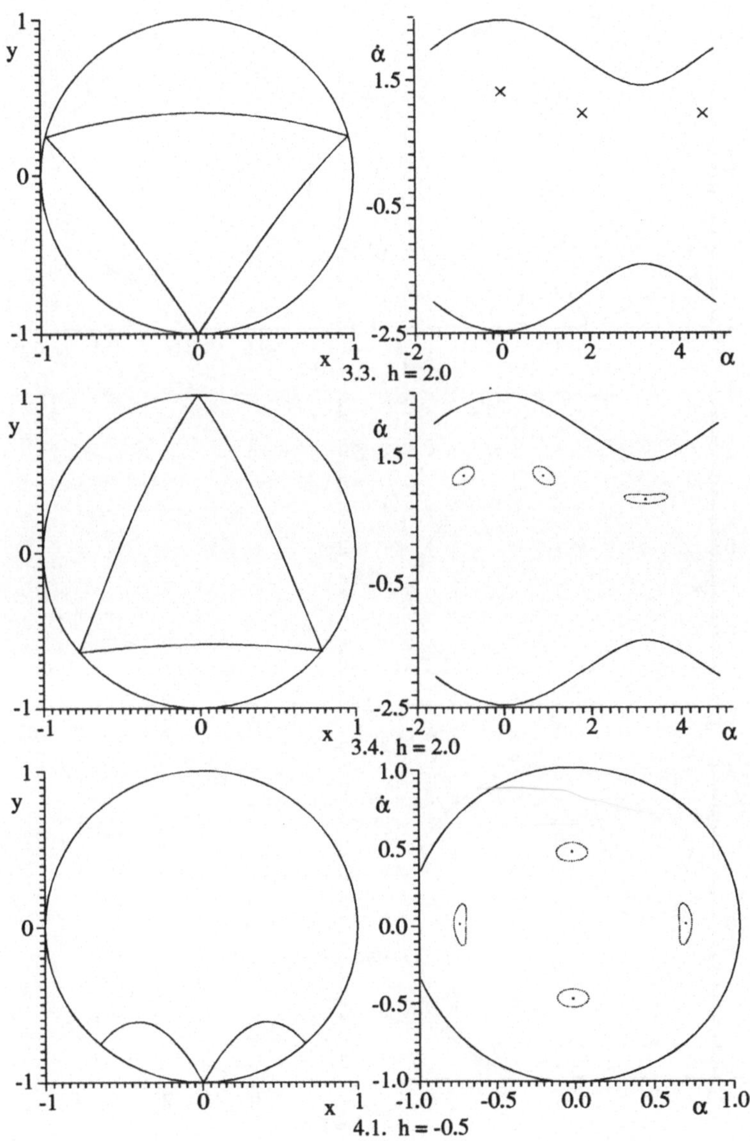



**Bild 3, 3.3 – 4.1**

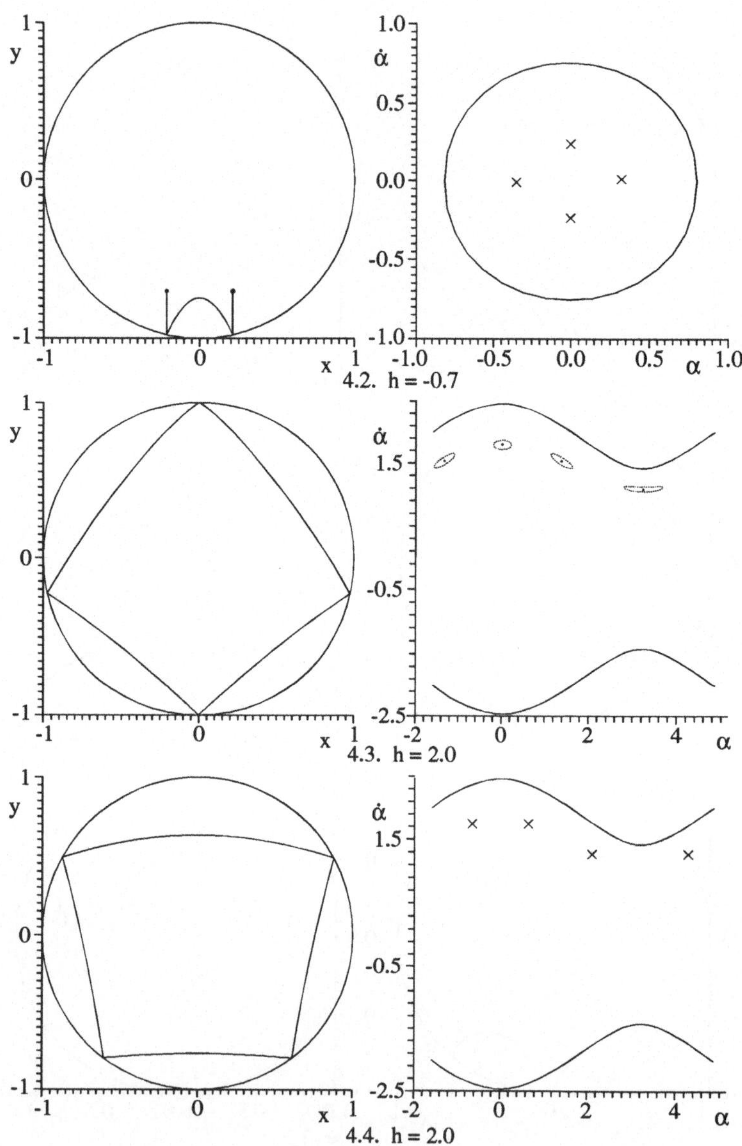



**Bild 3, 4.2 – 4.4**

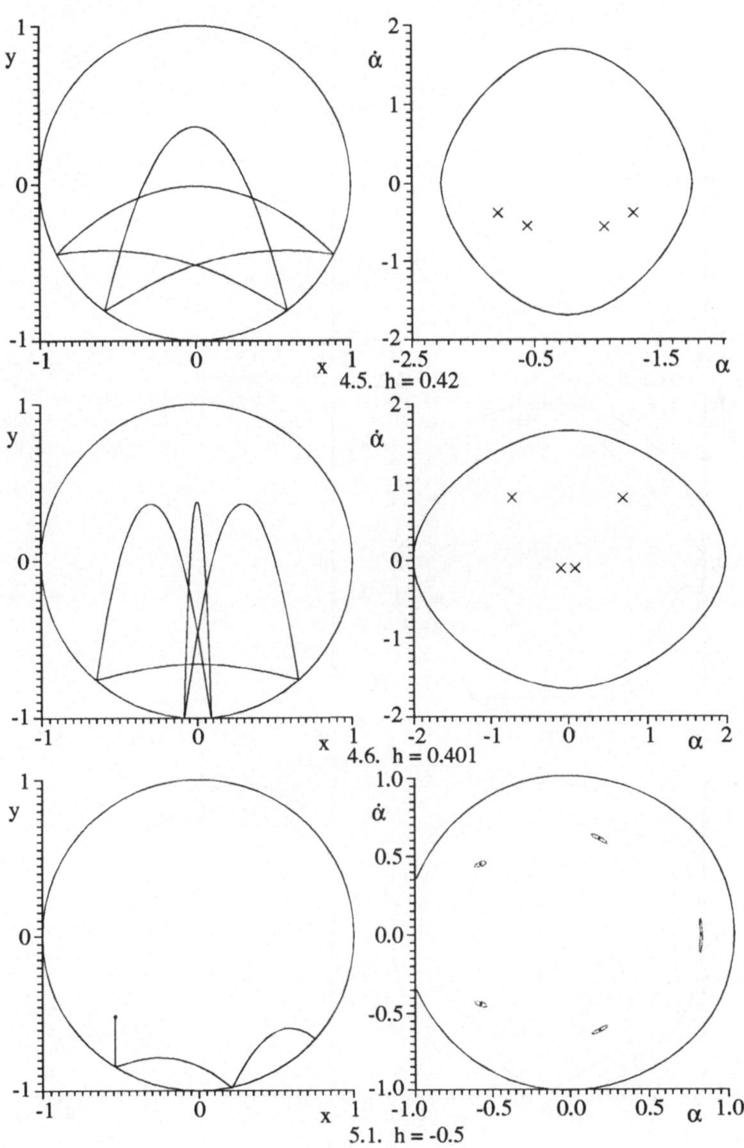



**Bild 3, 4.5 – 5.1**

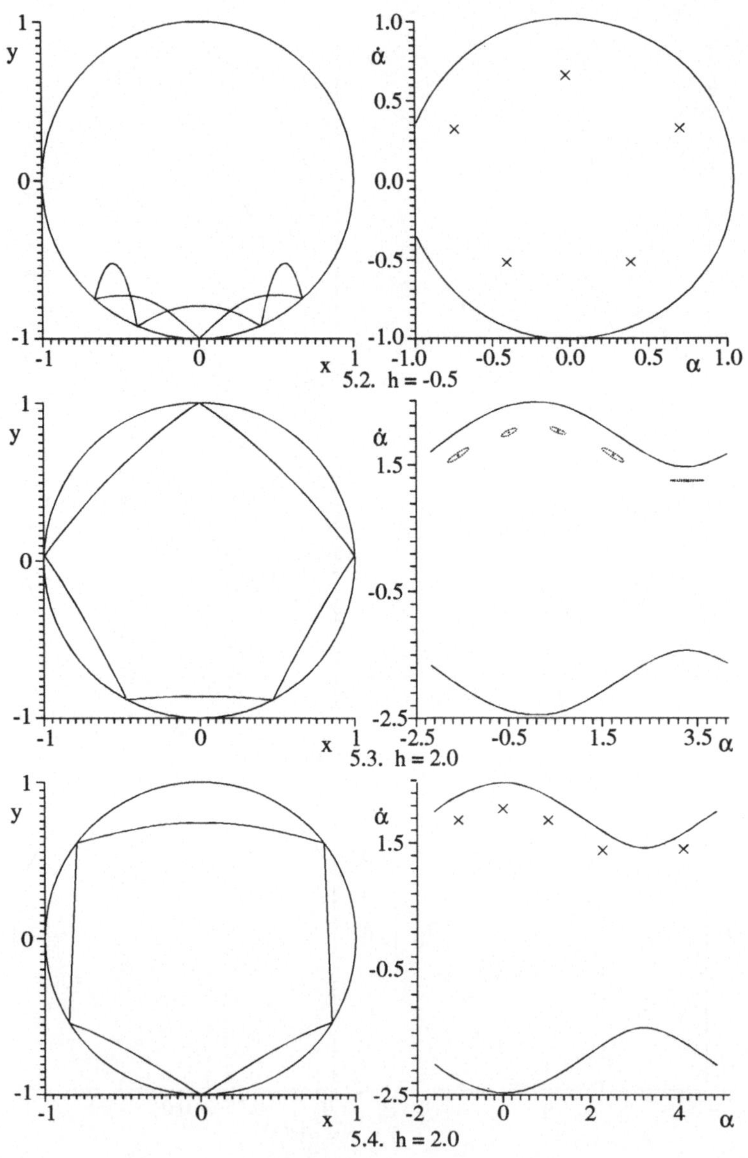



**Bild 3, 5.2 – 5.4**

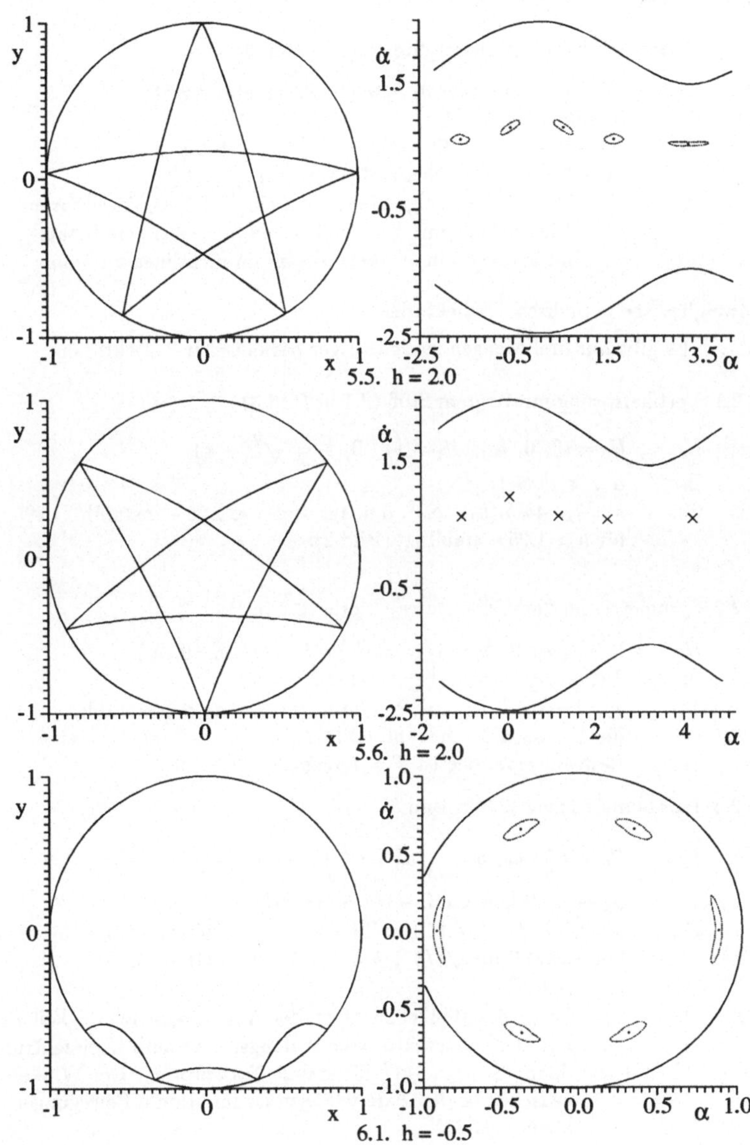

5.5. h = 2.0

5.6. h = 2.0

6.1. h = -0.5

**Bild 3, 5.5 − 6.1**

1. Eingliedrige periodische Trajektorien

  1.1 Vertikalsprung ohne oberen Stoß (1.1 in Bild 3)

  $U$:      $U_0 = (\alpha_0 = 0,\ a_0 = 0,\ b_0 \neq 0 -$ Parameterwerte$)$.

  $\exists$:      $\alpha \equiv 0,\ -1 < h < 1$.

  $St$:      $s = 2b_0^2 - 1$,  d.h. für $-1 < h < -0,5$ – stabil,

  für $-0.5 < h < 1$ – instabil [1] (Bild 2).

  $\Delta$:      a)  Das ist die einzige Menge von eingliedrigen Trajektorien.

  b)  Die Sprünge mit $h = -0.625$ und $h = -0.75$ sind stabil
  im linearen Sinne, aber instabil im nichtlinearen Sinne.

2. Zweigliedrige periodische Trajektorien

  $\Delta$ :    Es gibt nur drei Mengen zweigliedriger periodischer Trajektorien.

  2.1 Vertikalsprung mit oberem Stoß (2.1 in Bild 3)

  $U$:      $U_0 = (0,\ 0,\ b_0);\ \ U_1 = \left(\pi,\ 0,\ b_1 = \sqrt{b_0^2 - 4}\right)$.

  $\exists$:      $\alpha \equiv \pi,\ h > 1$.

  $St$:      $s = 7 - 4b_0 b_1 (b_0 - b_1)^2$, d.h. für $1 < h < 1.25$ – instabil,
  für $h > 1.25$ – stabil [1] (Bild 2).

  2.2 Symmetrische Parabelbogentrajektorie (2.2 in Bild 3)

  $U$:      $U_0 = \left(\alpha_0,\ 0,\ b_0 = 1/\sqrt{\cos\alpha_0}\right);\ \ U_1 = (-\alpha_0,\ 0,\ b_0)$.

  $\exists$:      $0 < \alpha < \frac{\pi}{2};\ \ h = \frac{1}{2\cos\alpha_0} - \cos\alpha_0$.

  $St$:      $s = 1 - \cos 2\alpha_0 - \cos^2 2\alpha_0$,  d.h. für $0 < \alpha_0 < \frac{\pi}{4}$ – stabil,
  für $\frac{\pi}{4} < \alpha_0 < \frac{\pi}{2}$ – instabil (Bild 2).

  $\Delta$:      Bewegungsperiode ist $T = 4\sqrt{\cos\alpha_0}$.

  2.3 Parabelmöndchen (2.3 in Bild 3).

  $U$:      $U_0 = \left(\frac{\pi}{4},\ a_0,\ b_0 = \sqrt{a_0^2 + \sqrt{2}}\right);\ \ U_1 = (-\frac{\pi}{4},\ a_0,\ b_0)$.

  $\exists$:      $\alpha_0 \equiv \frac{\pi}{4};\ \ 0 < h < (10 - \sqrt{2}/8 \approx 1.073$.

  $St$:      $s = 8\sqrt{2}\,a_0^2 - 1$, d.h. stabil für $0 < h < \sqrt{2}/8 \approx 0.177$
  und instabil für $\sqrt{2}/8 < h < (10 - \sqrt{2})/8$ (Bild 2).

  $\Delta$:      a)  $h = a_0^2$.

  b)  Ist $\varphi_0$ der Winkel zwischen der Anfangsgeschwindigkeit $v_0$
  und dem Ortsvektor vom Anfangspunkt zum Kreiszentrum,
  dann gilt $|\mathrm{tg}\varphi_0| < \frac{1}{3}$ für stabile Trajektorien. Der Winkel
  zwischen beiden Parabelbögen ist für stabile Bewegungen
  kleiner als $37°$.

3. Dreigliedrige periodische Trajektorien

Wahrscheinlich existieren nur vier verschiedene Mengen dreigliedriger periodischer Trajektorien.

### 3.1 Unsymmetrische "$h$"-ähnliche Trajektorie (3.1 in Bild 3)

$U$:  $U_0 = (\alpha_0\ a_0,\ b_0)$;
$U_1 = (\alpha_1\ a_1,\ b_1)$;
$U_2 = (\alpha_2 = \alpha_1,\ a_2 = -a_1,\ b_2 = b_1)$.
Die Abhängigkeit $\alpha_1(\alpha_0)$ folgt aus der Gleichung
$(\sin\alpha_0 - \sin\alpha_1)\sin(\alpha_0 + 2\alpha_1) - 2(\cos\alpha_0 - \cos\alpha_1)\sin\alpha_0\sin 2\alpha_1 = 0$.
Die Werte $a_i(\alpha_0), b_i(\alpha_0), i = 0,1$ können ähnlich berechnet werden.

$\exists$:  $0 < \alpha_0 < 122°$ (bzw. $-0.625 < h < 0.989$).

$St$:  $0 < \alpha_0 \leq 42°$ (bzw. $-0.625 < h < y - 0.347$) – stabil;
$\alpha_0 > 42°$ – instabil (Bild 2).

$\Delta$:  Natürlich existiert auch die spiegelymmetrische Menge dieser Trajektorien.

### 3.2 Symmetrische dreigliedrige Trajektorien (3.2 in Bild 3)

$U$:  kann berechnet werden.
$\exists$:  $0 < \alpha_0 \leq 42°$ (bzw. $-0.625 < h < 0.951$).
$St$:  immer instabil.

### 3.3 Dreieck mit Spitze nach unten (3.3 in Bild 3)

$U$:  kann berechnet werden.
$\exists$:  $67° \leq \alpha_0 < \frac{2\pi}{3}$.
$St$:  $73° \leq \alpha_0 \leq 75°,5$, bzw. $0.7775 \leq h \leq 0.7977$ (Bild 2).
instabil für alle anderen Werte von $\alpha_0$.

### 3.4 Dreieck mit Spitze nach oben (3.4 in Bild 3)

$U$:  kann berechnet werden.
$\exists$:  $\frac{\pi}{4} < \alpha_0 < \frac{\pi}{3}$ (bzw. $1.073 \approx \frac{10-\sqrt{2}}{8} < h < \infty$)
$St$:  $48°,5 \leq \alpha_0 < \frac{\pi}{3}$, bzw. $1.4803 < h < \infty$ – stabil;
$\frac{\pi}{4} < \alpha_0 \leq 48°,5$ – instabil (Bild 2).

4. Viergliedrige periodische Trajektorien

### 4.1 "Vögelchen" (4.1 in Bild 3)

$U$:  $U_0 = \left(\alpha_0,\ a_0 = 0,\ b_0 = 1/\sqrt{2}\right)$;
$U_1 = \left(\alpha_1 = 0,\ a_1 = -b_0\sin\alpha_0,\ b_1 = \sqrt{2} - b_0\cos\alpha_0\right)$;
$U_2 = (\alpha_2 = -\alpha_0,\ a_2 = 0,\ b_2 = b_0)$;
$U_3 = (\alpha_3 = 0,\ a_3 = -a_1,\ b_3 = b_1)$.
$\exists$:  $0 < \alpha_0 < \pi$;  $h = \frac{1}{4} - \cos\alpha_0$.
$St$:  $s = (6 - 7\cos\alpha_0 - 8\cos^2\alpha_0 + 8\cos^3\alpha_0) / (2 - \cos\alpha_0)$; d.h.

        stabil für $0 < \alpha_0 < \frac{2\pi}{3}$, bzw. $-0.75 < h < -0.25$;

        instabil für $\frac{2\pi}{3} < \alpha_0 < \frac{\pi}{2} + \arcsin\frac{\sqrt{17}-1}{4} \approx 141°20'$,

        bzw. $-0.25 < h < 1.031$;

        stabil für $\frac{\pi}{2} + \arcsin\frac{\sqrt{17}-1}{4} < \alpha_0 < \pi$, bzw. $1.031 < h < 1.25$.

$\Delta$:      Alle Trajektorien sind isochronisch mit der Periode $T = 4/\sqrt{2}$.

## 4.2 Symmetrische $W$-Trajektorie (4.2 in Bild 3)

$\exists$:      $0 < \alpha_0 < \alpha_* \approx 39°$,   $h = \frac{1}{4\cos\alpha_0\cos 2\alpha_0} - \cos\alpha_0$.

$St$:     immer instabil.

## 4.3 Viereck "Bayerischer Rhombus" (4.3 in Bild 3)

$\exists$:      $66°55' \approx \alpha_* < \alpha_0 < \frac{\pi}{4}$.

$St$:     $\alpha_* < \alpha_0 \leq 73°48'$ (bzw. $1.152 < h < 1.621$) – instabil;

        $73°48' < \alpha_0 < 90°$ (bzw. $1.621 < h < \infty$) – stabil.

## 4.4 Viereck: "Die Schultasche"

$\exists$:      $25°38' < \alpha_0 < 45°$.

$St$:     nur für $27°22' < \alpha_0 < 27°57'$ stabil.

## 4.5 Erstes exotisches Viereck (4.5 in Bild 3)

$\exists$:      $29°29' < \alpha_0 < 45°$, bzw. $45° < \alpha_2 < 80°40'$

        $(0.177 \approx \sqrt{2}/8 < h < 1.032)$ (Bild 2).

$St$:     Stabil nur für $41°22' < \alpha_0 < 45°$, bzw. $45° < \alpha_2 < 49°22'$

        $(\sqrt{2}/8 < h < 0.2)$.

## 4.6 Zweites exotisches Viereck

$\exists$:      $3°12' < \alpha_0 < 25°55'$, bzw. $25°55' < \alpha_2 < 42°4'$

        $(-0.34 < h < -0.95)$.

$St$:     nur für $16°3' < \alpha_0 < 25°55'$, bzw. $25°55' < \alpha_2 < 33°33'$.

## 5. Fünfgliedrige Trajektorien

**5.1** Unsymmetrische Trajektorien (5.1 in Bild 3) mit einem Sprung. Sie existieren und sind stabil nur für einige $h < 0$.

**5.2** Symmetrische Trajektorien aus fünf Parabelbögen. Immer instabil.

**5.3** Pentagon mit Spitze nach oben. Es existiert und ist stabil für große Werte $h > 0$.

**5.4** Pentagon mit der Spitze nach unten. Immer instabil.

**5.5** "Rotstern" mit Spitze nach oben. Er existiert und ist stabil für große Werte $h > 0$.

**5.6** Fünfeckstern mit Spitze nach unten ("Teufelsstern"). Immer instabil.

6. Sechsgliedrige Trajektorien

   Aus der Gesamtmenge der sechsgliedrigen Trajektorien wird nur ein wichtiges Beispiel betrachtet.

   6.1 Symmetrische Trajektorien aus drei Parabelbögen. Sie sind stabil für $0 < \alpha < 62°$. Im Punkt $\alpha \approx 53°17'$, $s = 1$ können durch Bifurkation zwölfgriedrige Trajektorien entstehen.


Eine interessante Anmerkung: Für das sogenannte Birkgofkreisbillard existieren periodische Trajektorien für alle Winkel $\alpha_0$. Beim Billard im Gravitationsfeld sind dagegen gewöhnlich nur periodische Trajektorien mit einer Symmetrie bezüglich des vertikalen Kreisdurchmessers vorhanden.


## 4  Die Poincare-Abbildung


Mit den vorhergehenden Untersuchungen hat man jetzt die Möglichkeit, die Hauptbestandteile des Phasenportraits aufzubauen. Nimmt man z.B. das Energieniveau $h = -0.5$ nach Bild 2, so sieht man, daß stabile periodische Bewegungen mit Indices 1.1, 3.1, 4.1, 6.1 existieren. Zusammen mit diesen Punktabbildungen aus Bild 3 erhält man das Phasenportrait für $h = -0.5$. Damit ist es möglich, dieses Bild mit dem numerisch berechneten Phasenportrait für $h = -0.5$ in Bild 6 zu vergleichen. Man sieht eine Menge von Inseln im chaotischen Meer. Die Hauptinselgruppen von Bild 3 und Bild 6 fallen natürlich zusammen.

Die Evolution des Phasenportraits mit Veränderung des Energieniveaus $h$ sieht man auf den Bildern 4-9, 11-17. Dabei lassen sich drei Haupttypen unterscheiden:


1. $\underline{-1 < h < 0}$

   Von $h = -1$ bis $h = -0.75$ sehen wir eine sehr große Regularität in der Schwingungsbewegung (Bild 4). Aus der Menge der niedriggliedrigen periodischen Bewegungen existiert nur der eingliedrige Sprung (Mittelpunkt in Bild 4).

   Diese Regularität geht mit wachsendem $h$ mehr und mehr verloren. Im Bereich von $h = -0.75$ bis $h = -0.25$ stellt man ein wachsendes Chaos fest (Bilder 5, 6, 7).

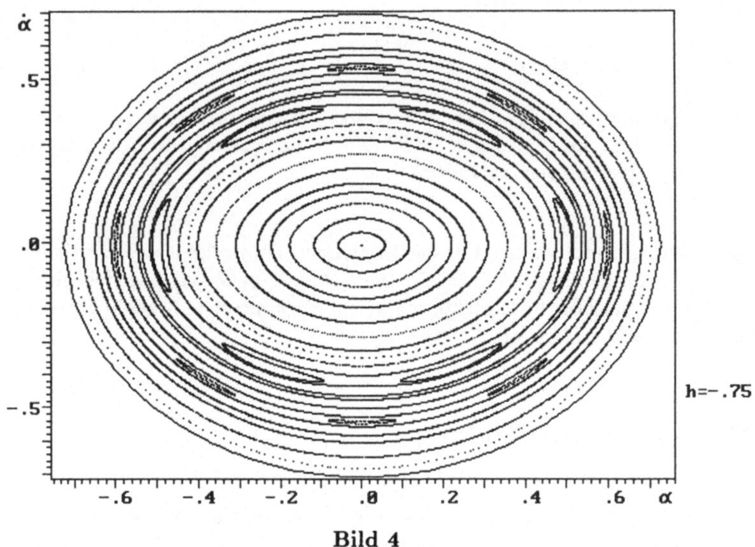


**Bild 4**

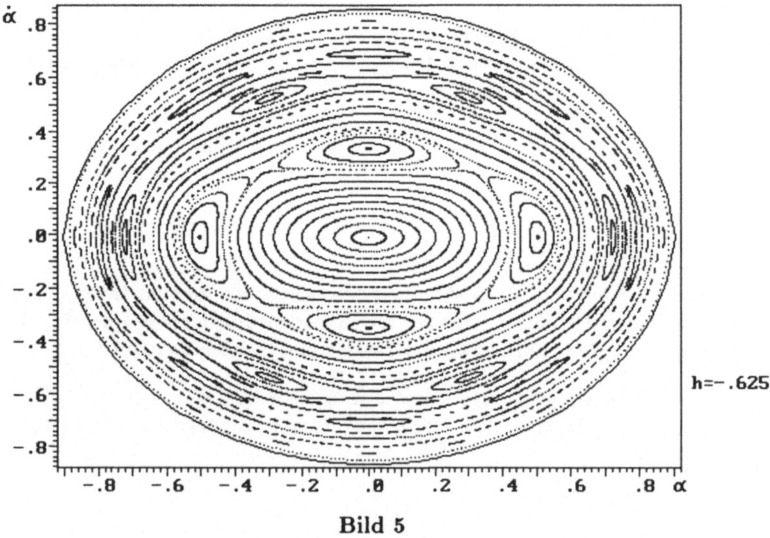


**Bild 5**

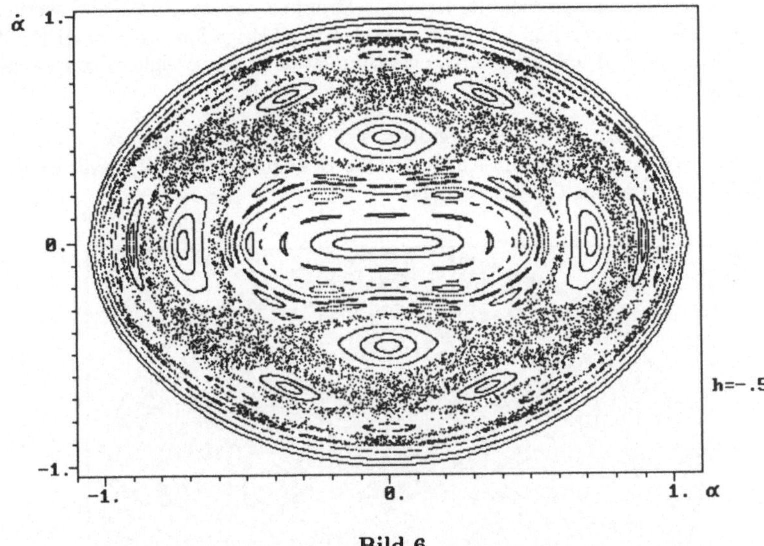


**Bild 6**

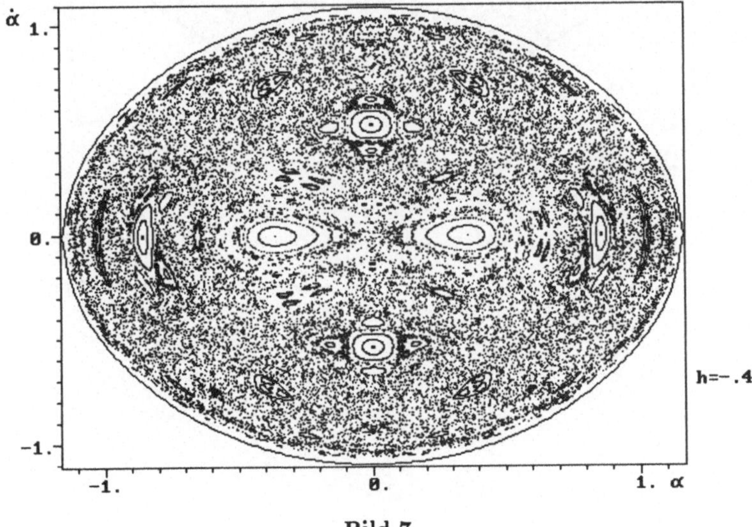


**Bild 7**

Bis $h = -0.5$ entsprechen die Hauptinselgruppen den ein-, drei- und viergliedrigen Bewegungen. Für $h > -0.5$ wird der eingliedrige Sprung instabil (Mittelpunkt in Bild 6) und geht durch eine Bifurkation in die zweigliedrige Bewegung 2.2 über.

Von $h = -0.25$ bis $h = 0$ vergrößert sich das Chaos noch stark (Bilder 8,9). Für $h = 0$ ist im Chaosmeer nur noch die Bewegung 2.2 stabil, bevor sie durch Bifurkation in den Typ 2.3 übergeht.

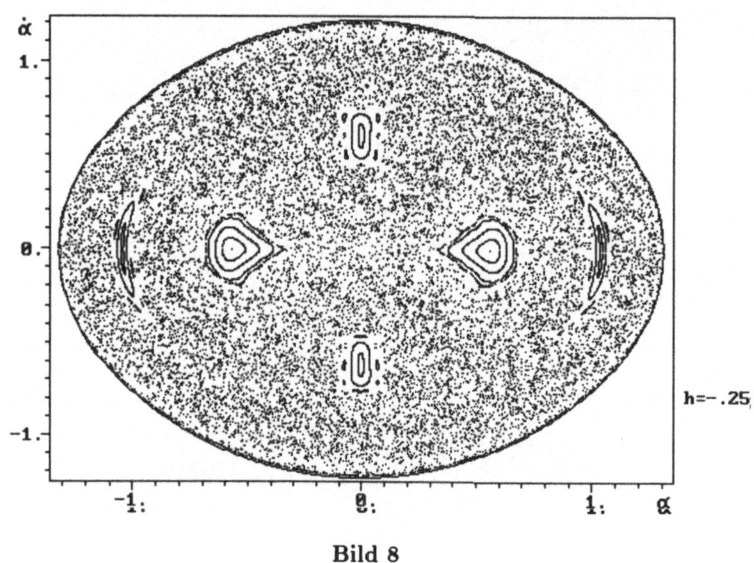


Bild 8

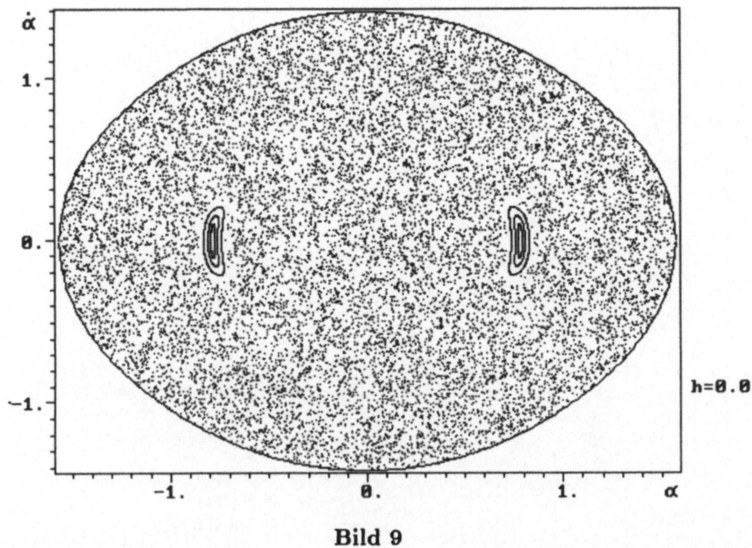



**Bild 9**

Auf Bild 10 sieht man den Ljapunov-Exponenten für reguläre und chaotische Bewegungen mit Energieniveau $h = 0$.

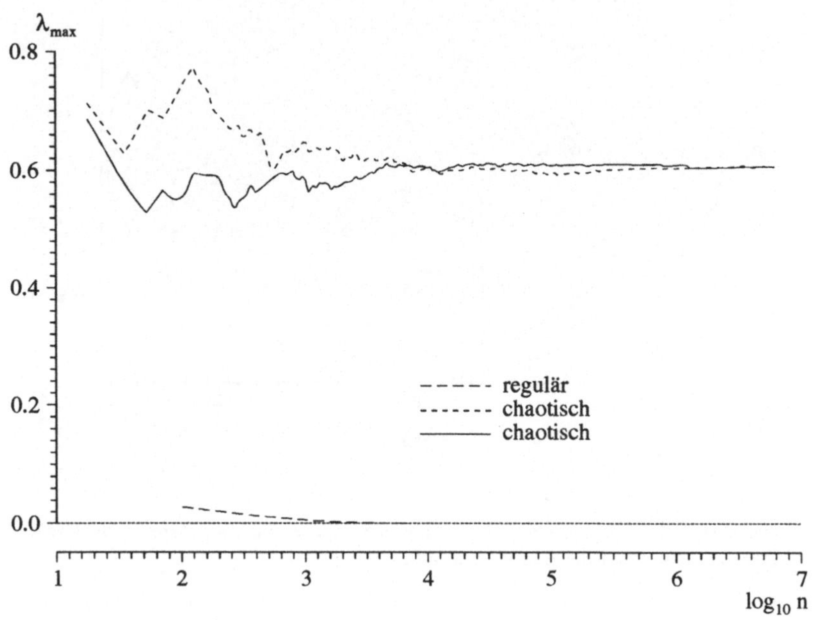


**Bild 10**

## 2. $0 < h < 1$

In diesem Bereich trifft man ein sehr stark ausgeprägtes Chaos an (Bilder 11, 12).

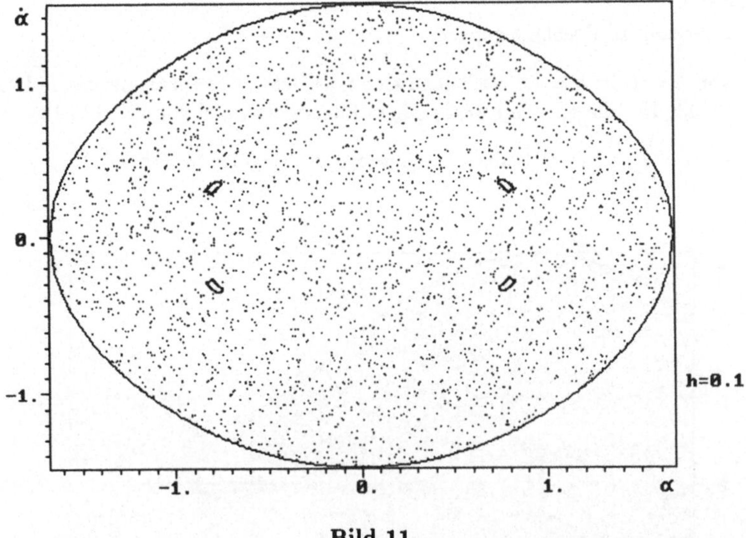


**Bild 11**

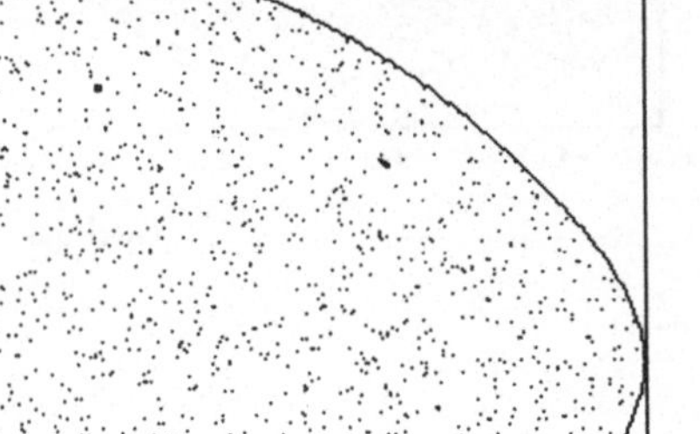

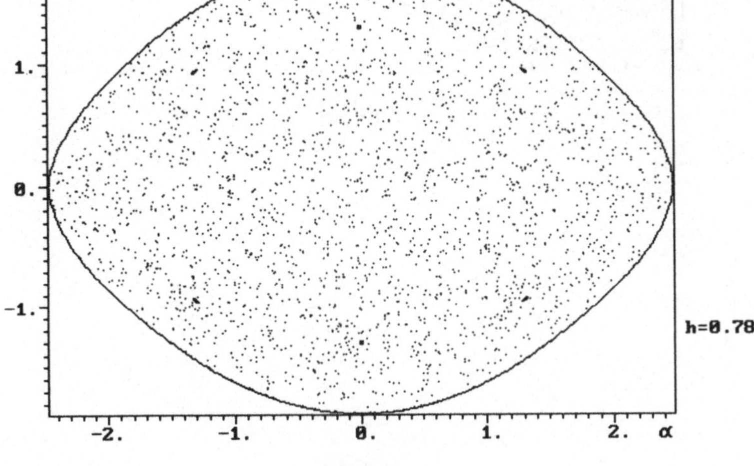


**Bild 12**

3. $\underline{h > 1}$

Übergang zu Drehbewegungen.

Von $h = 1$ bis $h = 1.5$ stellt man eine noch sehr starke Irregularität fest (Bilder
13, 14, 15), die aber mit wachsendem Energieniveau abnimmt (Bild 16).

Ab $h = 2.5$ herrscht bereits eine ausgeprägte Regularität (Bild 17).

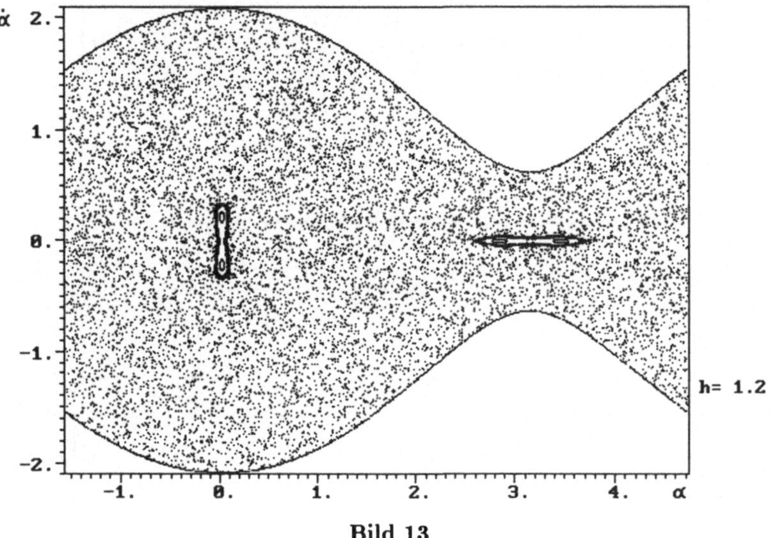


**Bild 13**

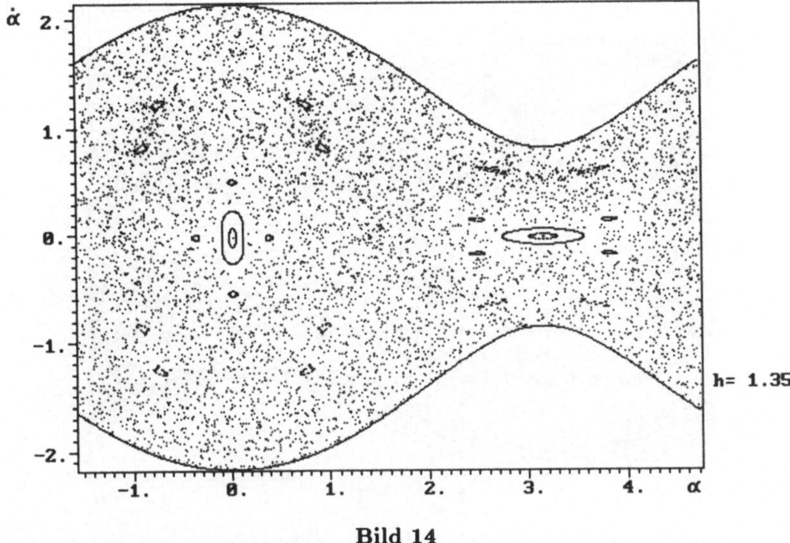



**Bild 14**

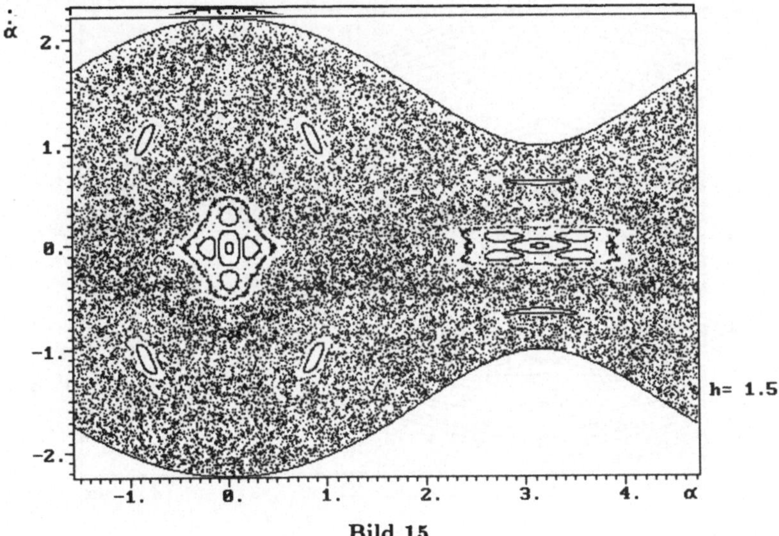



**Bild 15**

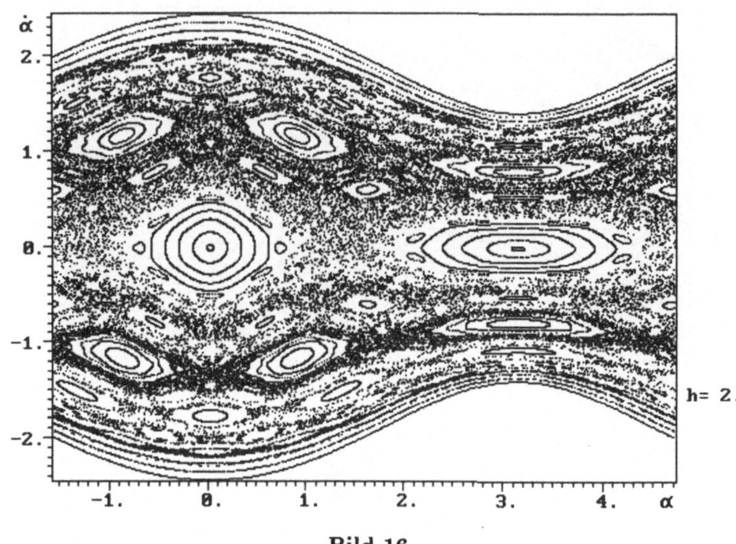


**Bild 16**

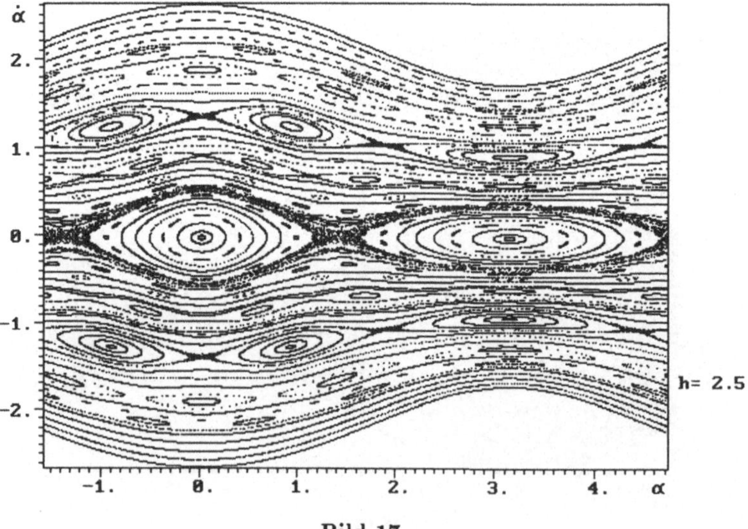


**Bild 17**

## 5  Einige Anmerkungen

Wir haben in diesem Zusammenhang auch einige interessante nichtlineare Effekte untersucht, wie zum Beispiel

1. Instabilität durch Resonanzen: Sie äußern sich in Bild 2 als instabile Punkte auf den stabilen Linien.

2. Verdopplungs-Bifurkation mit verminderten Energieniveaus, z.B. für eine dreigliedrige Trajektorie bei $h = 1.4803$, oder für eine viergliedrige Trajektorie bei $h = 1.6521$, usw.

3. Kreisbewegungen und periodische Trajektorien, die sich nicht nur aus Parabeln, sondern auch aus Kreisbögen zusammensetzen.

   Die Kreisbewegungen $r \equiv 1$, $\dot{r} \equiv 0$ verlaufen im Raum $(\alpha, \dot{\alpha})$ längs der Integrallinien

$$\frac{1}{2}\dot{\alpha}^2 - \cos \alpha = h \ , \tag{24}$$

wenn nur

$$\dot{\alpha}^2 + \cos \alpha > 0 \ . \tag{25}$$

Möglich sind dabei Schwingungsbewegungen für $-1 < h < 0$ und Drehbewegungen für $h > 1,5$. (Bild 18; die Bereiche

$$\dot{\alpha}^2 + \cos \alpha < 0 \tag{26}$$

sind schraffiert).

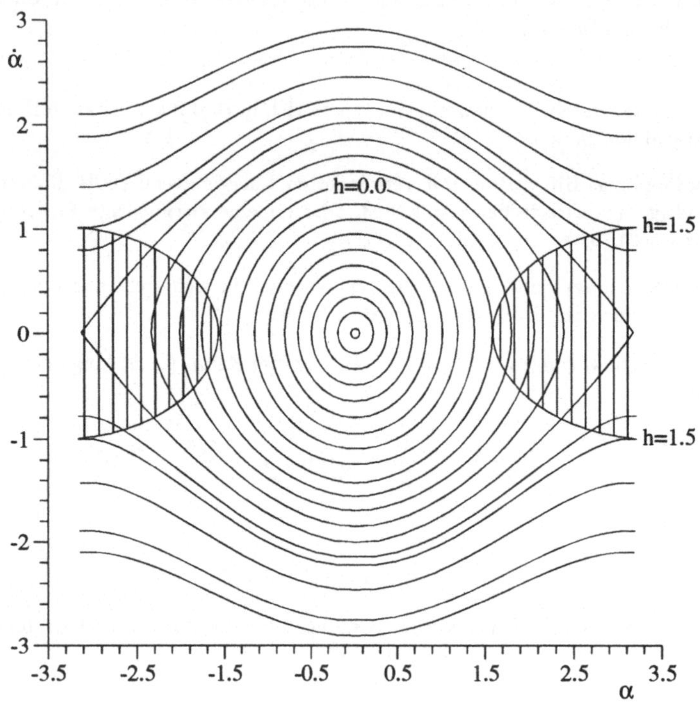



**Bild 18**

Wenn die Ungleichung (26) erfüllt ist, dann haben die Trajektorien nicht nur Kreisbögen, sondern auch Parabelbögen. Es ist möglich, daß diese Trajektorien periodisch sind, wie etwa in Bild 19a ($\alpha_0 = 120^0$, $\dot{\alpha}_0 = \sqrt{0.5}$) und Bild 19b zu sehen ist. Dies entspricht Bewegungen, die zum Teil frei und zum Teil mit Kontakt am Kreis verlaufen. Solche Trajektorien sind allerdings wahrscheinlich instabil.

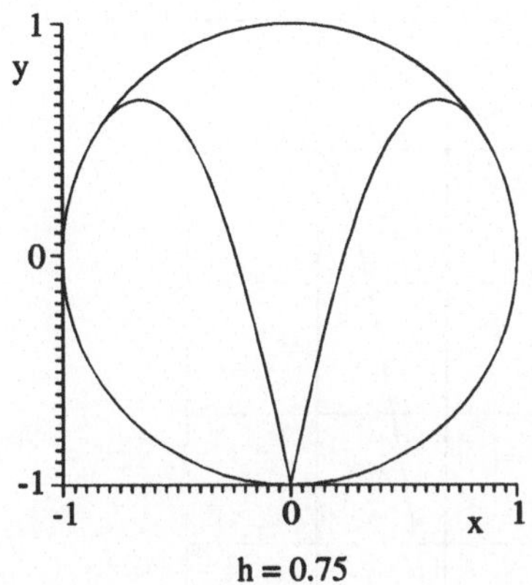

h = 0.75

**Bild 19a**

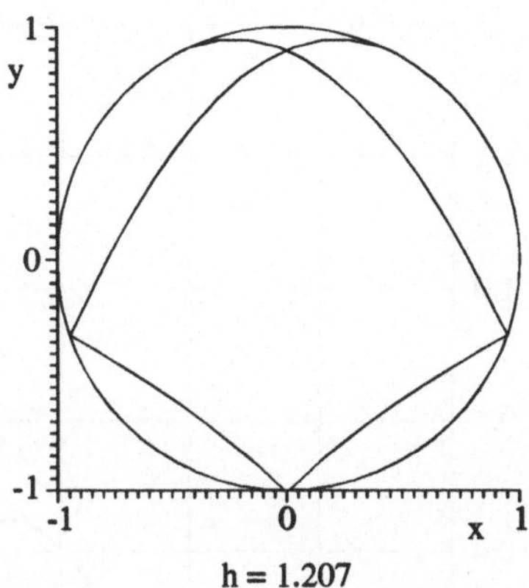

h = 1.207

**Bild 19b**

4. Bewegung bei voll inelastischem Stoß.

Wenn nach einem voll inelastischen Stoß die Bewegungsenergie im Intervall $0 < h < 1.5$ liegt, dann ist eine Bewegungsevolution mit neuen Stößen möglich. Bezeichnen wir mit $h_0$ die Energiewerte vor dem Stoß und mit $h_\tau$ die Energiewerte nach dem Stoß, so gilt

$$h_\tau - h_0 = -\frac{256}{27} h_0^3 \left(1 - \frac{4}{9} h_0^2\right)^3 \tag{27}$$

(Bild 20).

Man sieht dann, daß $\lim_{n \to \infty} h_n \to 0$. Damit konvergiert die Bewegung zu einem Grenzzykel mit der Amplitude $\frac{\pi}{2}$.

Es ist auch möglich, nach $k$ Stößen ($k < \infty$) eine periodische Schwingungsbewegung zu erhalten, wobei $h$ dann im Intervall $-0.982 \leq h < 0$ liegt.

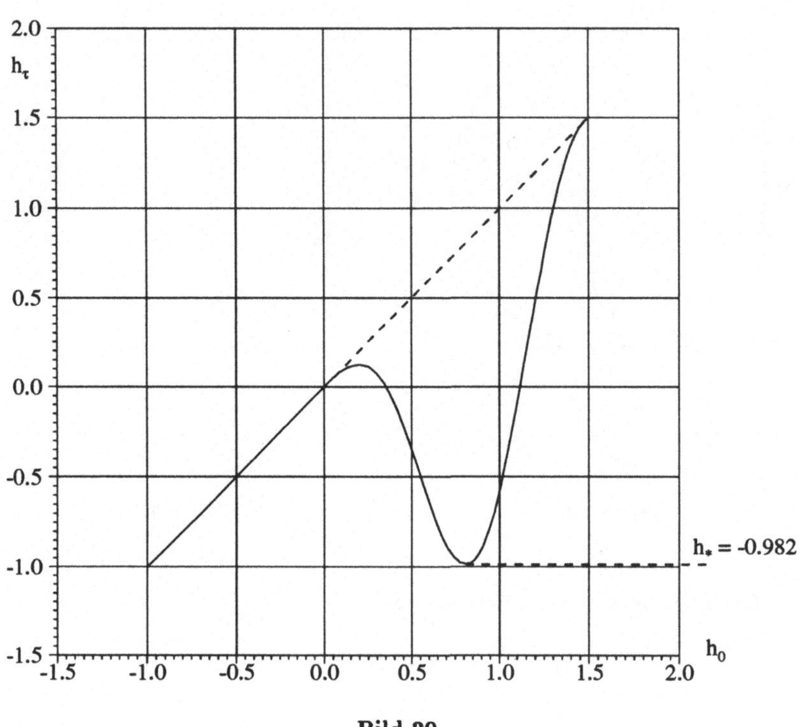


**Bild 20**

## Literaturverzeichnis zur Vorlesung 4

1. Ivanov, A.P.; Markeyev, A.P.: Zur Dynamik von Systemen mit einseitigen Bindungen (in russisch). Prikl. Mat. Mekh. 53, N 4, S. 539-548, 1989

# Vorlesung 5
# Ausblick auf die Drehbewegung von Himmelskörpern

**Inhalt:**

1. Stabilität eines auf einer Kreisbahn umlaufenden Satelliten: Die hinreichenden Bedingungen

2. Problem der stationären Bewegung und Stabilität einer Kugel und eines starren Körpers unter gegenseitiger Gravitation

3. Evolutionsgleichungen der räumlichen Drehbewegung eines Satelliten

4. Evolution der räumlichen Drehbewegung eines Erdsatelliten im Erdgravitationsfeld

5. Evolution der Drehbewegungen eines Erdsatelliten bezüglich der evolutionierenden Bahnebene

6. Zur Theorie der Präzession und Nutation der Erdachse

7. Der Einfluß des Gezeitenmoments auf die Evolution der Drehbewegung

8. Resonanzdrehbewegungen des Himmelskörpers und die verallgemeinerten Cassinisätze


In dieser Vorlesung werden gewisse Resultate meiner vieljährigen (seit 1956) Untersuchungen über die Probleme der Drehbewegung von Himmelskörpern kurz beschrieben.

## 1  Stabilität eines auf einer Kreisbahn umlaufenden Satelliten: Die hinreichenden Bedingungen

Wir betrachten ein Gravitationspotential $U$ zwischen einer Kugel oder einem Massenpunkt mit Masse $M_0$ (z.B. die Erde) und einem Körper mit Masse $M$ (z.B. ein Erdsatellit) (Bild 1):

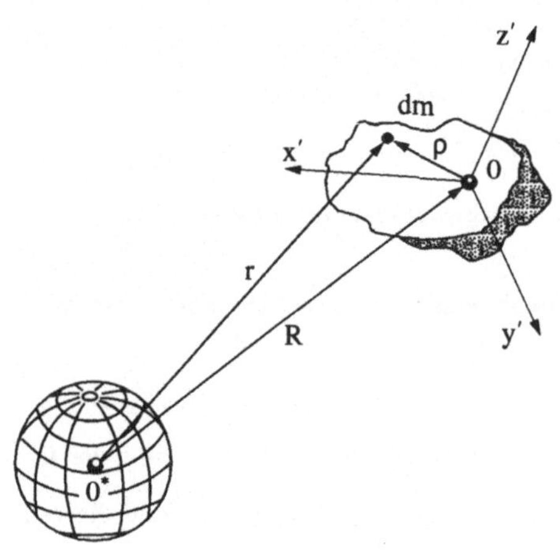


**Bild 1**

$$U = \mu \int_V \frac{dm}{\sqrt{R^2 + 2R\left(x'\gamma + y'\gamma' + z'\gamma''\right) + x'^2 + y'^2 + z'^2}} = U(R,\,\gamma,\,\gamma',\,\gamma'') \qquad (1)$$

Hier sind $\mu = fM_0$, $f$ die Gravitationskonstante, $V$ das Körpervolumen (das heißt, daß $M = \int_V dm$), $R = |\boldsymbol{R}|$ der Abstand zwischen den Massenmittelpunkten von Kugel und Körper, $x', y', z'$ die Koordinaten eines Massenelements $dm$ in den Körperhauptträgheitsachsen.

Schließlich sind $\gamma, \gamma', \gamma''$ die Richtungskosinusse des Vektors $\boldsymbol{R}$ zu den $x', y', z'$-Achsen.

Wenn $\rho_{\max} = \max\limits_{V} \sqrt{x'^2 + y'^2 + z'^2}$ sehr viel kleiner ist als $R$ ($\rho \ll R$), dann folgt aus (1):

$$U \approx \frac{\mu M}{R} + \frac{\mu}{2R^3}(A + B + C) - \frac{3}{2}\frac{\mu}{R^3}\left(A\gamma^2 + B\gamma'^2 + C\gamma''^2\right) \; , \qquad (2)$$

wobei $A, B, C$ Hauptträgheitsmomente des Körpers sind. In erster Näherung ist die Körperbahn eine Keplerbahn. Betrachten wir eine Kreisbahn $R = R_0 = $ const. mit einer Bahnwinkelgeschwindigkeit $\omega$ und dazu das sogenannte Kreiskräftepotential

$$U_\beta = \frac{1}{2}\omega^2 \left(A\beta^2 + B\beta'^2 + C\beta''^2\right) \; , \qquad (3)$$

wobei $\beta, \beta', \beta''$ die Richtungskosinusse der Bahnebenennormalen $n$ zu den Körperachsen $x', y', z'$ sind, dann existiert ein Energiesatz in der Form [1], [2]:

$$\frac{1}{2}\left(A\bar{p}^2 + B\bar{q}^2 + C\bar{r}^2\right) + \frac{3}{2}\omega^2\left(A\gamma^2 + B\gamma'^2 + C\gamma''^2\right) -$$

$$-\frac{1}{2}\omega^2\left(A\beta^2 + B\beta'^2 + C\beta''^2\right) = h = \text{const.} \qquad (4)$$

Wir können jetzt noch berücksichtigen, daß die Bewegungsgleichungen als Lösung eine mondähnliche Bahn enthalten, bei der die Körperachsen bezüglich der Bahnebene und des Ortsvektors $R$ orientiert sind:

$$\bar{p} = \bar{q} = \bar{r} = 0 \; , \quad \gamma = \gamma' = \beta = \beta'' = 0 \; , \quad \gamma'' = \beta' = 1 \; . \qquad (5)$$

Die in (4) und (5) verwendeten Koordinaten $\bar{p}, \bar{q}, \bar{r}$ entsprechen dabei den Komponenten der relativen Winkelgeschwindigkeit des Körpers um seine Achsen $x', y', z'$.

Die stationäre Bewegung (5) bezeichnen wir als eine relative Gleichgewichtslage, deren Stabilität im folgenden untersucht wird.

Wegen

$$\gamma^2 + \gamma'^2 + \gamma''^2 = 1 \; , \quad \beta^2 + \beta'^2 + \beta''^2 = 1 \qquad (6)$$

können wir den Energiesatz (4) in der Form

$$V \;\triangleq\; \frac{1}{2}\left(A\bar{p}^2 + B\bar{q}^2 + C\bar{r}^2\right) + \frac{3}{2}\omega^2\left[(A-C)\gamma^2 + (B-C)\gamma'^2\right] +$$

$$+\frac{1}{2}\omega^2\left[(B-A)\beta^2 + (B-C)\beta''^2\right] = h_0 \tag{7}$$

anschreiben.

Wenn

$$B > A > C \; , \tag{8}$$

dann ist $V$ eine positiv definite Ljapunov-Funktion und $\frac{dV}{dt} \equiv 0$. Darum stellt die Ungleichung (8) eine hinreichende Stabilitätsbedingung für die relative Gleichgewichtslage (5) im streng nichtlinearen Sinne dar.

Bedingungen (8) bedeuten (Bild 2):

*Für die Stabilität einer relativen Gleichgewichtslage eines starren Körpers auf einer Kreisbahn im Newtonschen Gravitationsfeld ist es hinreichend, wenn die größte Trägheitsachse in der Richtung der lokalen Vertikalen und die kleinste Trägheitsachse in der Richtung der Normalen zur Bahnebene liegt.*

Dieses Ergebnis hat der Verfasser im Jahr 1956 erhalten und erst 1959 in der Arbeit [1], später dann im Buch [2] publiziert.

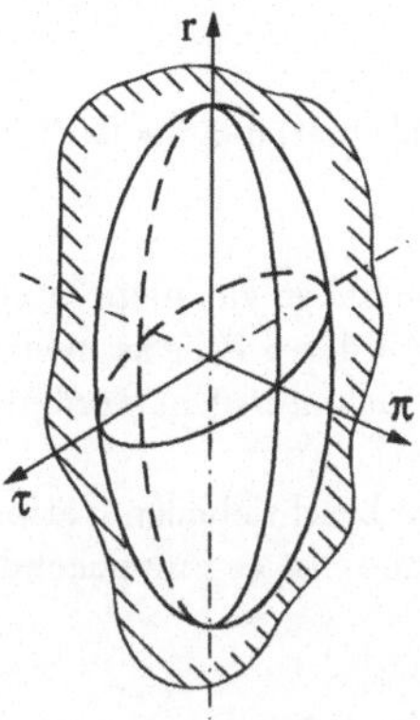

**Bild 2**

## 2  Problem der stationären Bewegung und Stabilität einer Kugel und eines Körpers unter gegenseitiger Gravitation

Unter der Wirkung des Gravitationspotentials (1) sind die Satellitenbahnen im allgemeinen keine reinen Keplerschen Bahnen. Die Bahn- und Drehbewegung des Satelliten beeinflussen sich nämlich gegenseitig, sind also gekoppelt. Dies führt zu einem relativ schwierigen Problem, dessen stationäre Lösung und Stabilitätsverhalten dennoch analysiert werden können, wie es der Verfasser in Artikel [1] und im Buch [2] gezeigt hat:

1. Es existiert als stationäre Bewegung eine Kreisbahn

$$R = R_0 \;, \quad \omega^2 = -\frac{1}{MR_0}\left(\frac{\partial U}{\partial R}\right)_0 \tag{9}$$

mit der relativen Gleichgewichtslage (5) des Satelliten, wenn die Bedingungen

$$\left(\frac{\partial U}{\partial R}\right)_0 < 0 \ , \quad \left(\frac{\partial U}{\partial \gamma'}\right)_0 = 0 \ , \quad \left(\frac{\partial U}{\partial \gamma}\right)_0 = 0 \tag{10}$$

erfüllt sind. Index "0" heißt hier, daß die Bedingungen (10) längs der stationären Bewegung gültig sind.

2. Die Bewegungsgleichungen haben vier erste Integrale, nämlich ein Energieintegral und drei Drallintegrale. Mit deren Hilfe kann eine Ljapunov-Funktion konstruiert und die Bewegungsstabilität untersucht werden.

3. Für die Stabilität der oben beschriebenen stationären Bewegung im streng nicht-linearen Sinne nach Ljapunov ist es hinreichend, wenn

$$\text{a)} \quad B > A, \ B > C \ ;$$

$$\text{b)} \quad C_{44} > \frac{C_{14}^2}{\Delta_3} \left( C_{22} C_{33} - C_{23}^2 \right) \ ,$$

$$\tag{11}$$

$$C_{44} C_{55} - C_{45}^2 > \frac{C_{55} C_{14}^2 - C_{44} C_{15}^2}{\Delta_3} \ ;$$

$$\text{c)} \quad \Delta_3 = B R_0^2 \left\{ -\frac{\partial^2 U}{\partial R^2} + \omega^2 \frac{3 k_0 - 1 - k_0 \frac{B}{R_0^2}}{1 + k_0 + k_0 \frac{B}{R_0^2}} \right\} > 0 \ ,$$

mit

$$C_{44} = \frac{\partial U}{\partial \gamma''} - \frac{\partial^2 U}{\partial \gamma^2} \ , \quad C_{55} = \frac{\partial U}{\partial \gamma''} - \frac{\partial^2 U}{\partial \gamma'^2} \ , \quad C_{45} = \frac{\partial U}{\partial \gamma \partial \gamma'} \ ,$$

$$C_{22} = R_0^2 (1 + k_0) \ , \quad C_{33} = B \left( 1 + k_0 \frac{B}{R_0^2} \right) \ , \quad C_{23} = B k_0 \ , \tag{12}$$

$$C_{14} = -\frac{\partial^2 U}{\partial R \partial \gamma} \ , \quad C_{15} = -\frac{\partial^2 U}{\partial R \partial \gamma'}$$

und $k_0 > 0$ hinreichend groß ist.

All diese Bedingungen sollen längs der stationären Lösung erfüllt werden. Verwendet man zum Beispiel die Näherung (2), so führen die Bedingungen (11a), (11b) noch einmal auf die Beziehung (8). Bedingung (11c) muß auf jeden Fall gesondert untersucht werden, vgl. Vorlesung 3, um die Bahnstabilität beurteilen zu können.

## 3  Evolutionsgleichungen der räumlichen Drehbewegung eines Satelliten

Wir betrachten einen starren Satelliten mit symmetrischer Massenverteilung

$$A = B \neq C \tag{13}$$

im Potentialfeld mit dem Potential $U$. Die Lage des Drallvektors $L$ im Raum definieren wir mit Hilfe zweier Winkel $\rho, \sigma$; die Lage des Satelliten bezüglich des Drallvektors wird durch die Eulerschen Winkel $\vartheta, \psi, \varphi$ beschrieben. Damit lassen sich die kompletten Drehbewegungen des Satelliten durch den Satz von Koordinaten

$$L, \ \rho, \ \sigma, \ \vartheta, \ \psi, \ \varphi \tag{14}$$

darstellen.

Für $U \equiv 0$ haben wir wegen (13) eine ungestörte Bewegung, eine sogenannte "reguläre Präzession":

$$L = L_0 \ , \quad \rho = \rho_0 \ , \quad \sigma = \sigma_0 \ , \quad \vartheta = \vartheta_0 \ ,$$

$$\frac{d\psi}{dt} = \dot{\psi}_0 = \frac{L_0}{A} \ , \quad \frac{d\varphi}{dt} = \dot{\varphi}_0 = L_0 \cos\vartheta_0 \left( \frac{1}{C} - \frac{1}{A} \right) \ . \tag{15}$$

Alle Werte in (15) sind hier konstant.

Wenn $U \neq 0$ ist, dann sprechen wir von einer gestörten Bewegung. Wir setzen für diesen Fall eine symmetrische Potentialfunktion mit der Eigenschaft $\frac{\partial U}{\partial \varphi} = 0$ voraus. Das heißt, daß

$$U = U\,(\rho,\ \sigma,\ \vartheta,\ \psi,\ \omega_0 t)\ ,  \tag{16}$$

wobei $\omega_0 = 2\pi/T$ und $T$ die Bahnperiode ist. In allen unseren Aufgaben haben wir auch $U(\psi + 2\pi) = U(\psi)$; $U(\omega_0 t + 2\pi) = U(2\pi)$ usw. Die gestörten Drehbewegungen des Satelliten werden dann durch folgende Gleichungen beschrieben [2]:

$$\frac{dL}{dt} = \frac{\partial U}{\partial \psi}\ ;\quad \frac{d\rho}{dt} = \frac{1}{L\sin\rho}\left(\frac{\partial U}{\partial \psi}\cos\rho - \frac{\partial U}{\partial \sigma}\right)\ ;$$

$$\frac{d\sigma}{dt} = \frac{1}{L\sin\rho}\,\frac{\partial U}{\partial \rho}\ ;\quad \frac{d\psi}{dt} = \frac{L}{A} - \frac{1}{L}\left(\frac{\partial U}{\partial \rho}\mathrm{ctg}\rho + \frac{\partial U}{\partial \vartheta}\mathrm{ctg}\vartheta\right)\ ;  \tag{17}$$

$$\frac{d\vartheta}{dt} = \frac{\mathrm{ctg}\vartheta}{L}\,\frac{\partial U^1}{\partial \psi}\ ;\quad \frac{d\varphi}{dt} = L\cos\vartheta\left(\frac{1}{C} - \frac{1}{A}\right) + \frac{\partial U}{\partial \vartheta}\ .$$

Diese Gleichungen (17) haben ein erstes Integral

$$L\cos\vartheta = L_0\cos\vartheta_0\ .  \tag{18}$$

Man sieht, daß die gesamten Drehbewegungen (17) in zwei ungekoppelte Teilbewegungen zerfallen: Der erste Teil beinhaltet die Gleichungen für die Variablen $L, \rho, \sigma, \vartheta, \psi$ und ist von $\varphi$ unabhängig; der zweite Teil besteht aus einer einzelnen Gleichung für $\varphi$.

Man bezeichnet eine Winkelbewegung als schnelldrehend, wenn $\frac{L}{A} \gg \frac{\max|U|}{L}$ ist. Zu ihrer Analyse kann die Störungsrechnung benutzt werden, was in erster Näherung einem Mittelwertverfahren entspricht.

Führen wir also ein mittleres Potetial ein,

$$\overline{U} = \frac{1}{2\pi}\int_0^{2\pi} U\,d\psi\ ,  \tag{19}$$

dann haben wir infolge von (17) – (19):

---

[1]Wenn $U = U(\vartheta)$, dann $\frac{d\vartheta}{dt} = \frac{\mathrm{ctg}\vartheta}{L}\frac{\partial U}{\partial \psi} - \frac{1}{L\sin\varphi}\frac{\partial U}{\partial \varphi}$.

$$L \; = \; L_0 \; , \quad \cos\vartheta = \cos\vartheta_0 \; ,$$

$$\frac{d\psi}{dt} \; = \; \frac{L_0}{A} - \frac{1}{L_0}\left(\frac{\partial\overline{U}}{\partial\rho}\mathrm{ctg}\rho + \frac{\partial\overline{U}}{\partial\vartheta}\mathrm{ctg}\vartheta_0\right) \approx \frac{L_0}{A} \tag{20}$$

$$\frac{d\varphi}{dt} \; = \; L_0\cos\vartheta_0\left(\frac{1}{C} - \frac{1}{A}\right) + \frac{\partial\overline{U}}{\partial\vartheta} \approx L_0\cos\vartheta_0\left(\frac{1}{C} - \frac{1}{A}\right)$$

und auch

$$\frac{d\rho}{dt} = -\frac{1}{L_0\sin\rho}\frac{\partial\overline{U}}{\partial\sigma} \; , \quad \frac{d\sigma}{dt} = \frac{1}{L_0\sin\rho}\frac{\partial\overline{U}}{\partial\rho} \; . \tag{21}$$

In (21) hängt damit das Potential nur noch von $\rho,\sigma,\tau$ ab,

$$\overline{U} = \overline{U}(\rho,\,\sigma,\,\tau) \; , \quad \tau = \omega_0 t \; . \tag{22}$$

Das heißt, daß die Störung der Drehbewegung eines Satelliten in zwei ungekoppelte Teilbewegungen zerfällt: Zum einen in eine quasireguläre Präzession (20) des Satelliten um seinen Drallvektor $\boldsymbol{L}, |\boldsymbol{L}| = L_0 = \mathrm{const.}$, und zum anderen in eine Evolutionsbewegung (21) des Drallvektors. Man kann sich deswegen auf die Untersuchung von nur zwei Bewegungsgleichungen (21) beschränken.

Oft haben wir das Potential (22) in der Form

$$\overline{U} = \overline{U}(\rho,\,\sigma,\,\nu) \; , \quad \frac{d\tau}{d\nu} = \frac{(1-e^2)^{3/2}}{(1+e\cos\nu)^2} \; , \tag{23}$$

wobei $\nu = \nu(\omega_0 t)$ die wahre Bahnanomalie ist.

Wenn nicht nur $\psi$, sondern auch $\tau$ (d.h. $\nu$) zu den schnellen Variablen gehört, dann führt dies zu einem Mittelpotential

$$\tilde{U} = \frac{1}{(2\pi)^2}\int_0^{2\pi}\int_0^{2\pi} U\,d\psi d\tau = \frac{1}{(2\pi)^2}\int_0^{2\pi}\int_0^{2\pi} U\frac{(1-e^2)^{3/2}}{(1+e\cos\nu)^2}\,d\psi d\nu \tag{24}$$

mit Bahnexzentrizität $e$. Damit erhält man die Evolutionsbewegungsgleichungen

$$\frac{d\rho}{d\tau} = -\frac{1}{L_0 \sin\rho} \frac{\partial \tilde{U}}{\partial \sigma} \ , \quad \frac{d\sigma}{d\tau} = \frac{1}{L_0 \sin\rho} \frac{\partial \tilde{U}}{\partial \rho} \tag{25}$$

und ein erstes Integral

$$\tilde{U}(\rho,\, \sigma) = \text{const.} \tag{26}$$

## 4 Evolution der räumlichen Drehbewegung eines Erdsatelliten im Erdgravitationsfeld

Infolge von (2), (13) haben wir

$$U \ = \ \frac{3}{2} \frac{\omega_0^2}{(1-e^2)}(1 + e\cos\nu)^3 (A-C)\gamma''^2 \ , \tag{27}$$

$$\gamma'' \ = \ \gamma''(\rho,\, \sigma - \nu,\, \vartheta,\, \psi) \ .$$

Hier sind $\rho$ der Winkel zwischen dem Drallvektor $\boldsymbol{L}$ und der Normalen $\boldsymbol{n}$ zur Bahnebene, und $\sigma$ der Winkel zwischen der Projektion von $\boldsymbol{L}$ auf die Bahnebene und dem Perigäumsradius, also ein Drehwinkel von $\boldsymbol{L}$ um $\boldsymbol{n}$.

Das mittlere Potential (24) lautet damit

$$\tilde{U} = \frac{3}{2} \frac{\omega_0^2}{(1-e^2)^{3/2}}(A-C)\left\{\frac{1}{2}\sin^2\vartheta + \frac{1}{4}\sin^2\rho(3\cos^2\vartheta - 1)\right\} \tag{28}$$

und infolge von (25) bekommen wir:

$$\rho = \rho_0 \ , \quad \frac{d\sigma}{d\tau} = \frac{3}{4}\frac{(A-C)\omega_0}{L_0(1-e^2)^{3/2}}\,(3\cos^2\vartheta_0 - 1)\cos\rho_0 \ . \tag{29}$$

Der Drallvektor präzessiert um die Normale zur Bahnebene mit konstantem Winkel-
abstand $\rho_0$ und konstanter Winkelgeschwindigkeit $\frac{d\sigma}{d\tau}$.

Für einen typischen Erdsatelliten liegt die Periode dieser Präzessionsbewegung in der
Größenordnung von ein paar Tagen. (Zum Vergleich: Die Periode der Erdachsenpräzes-
sion beträgt ca. 26.000 Jahre.) Da auch die Periode der Satellitenbahnevolution ungefähr diese Dauer hat, soll sie im folgenden ebenfalls berücksichtigt werden.


## 5  Evolution der Drehbewegungen eines Erdsatelliten bezüglich der evolutionierenden Bahnebene

Bei Satellitenbahnen verändern sich auf Grund der Erdabplattung in erster Näherung
nur die Bahnknotenlage $\Omega$ und das Perigäumsargument $\omega_\pi$. Dies kann über die Beziehungen

$$\frac{d\Omega}{d\tau} \;=\; -\frac{\varepsilon R_E^2}{P^2}\cos i \stackrel{\Delta}{=} K_\Omega$$

$$\tag{30}$$

$$\frac{d\omega_\pi}{d\tau} \;=\; \frac{\varepsilon R_E^2}{2P^2}\left(5\cos^2 i - 1\right) \stackrel{\Delta}{=} K_\omega$$

beschrieben werden.

Hier sind $R_E$ der Erdradius am Äquator, $P = \text{const.}$ der Bahnparameter, $i = \text{const.}$ die
Bahnneigung bezüglich des Äquators, $\varepsilon = 0,0016331$ ein dimensionsloser Parameter,
der die Abplattung der Erde berücksichtigt.

Man sieht, daß die Bahnebene ihre Neigung beibehält und sich um die Erdachse mit
der Winkelgeschwindigkeit $K_\Omega$ nach (30) dreht. Die Bahn selbst dreht sich wiederum
in der Bahnebene mit der Winkelgeschwindigkeit $K_\omega$ aus (30).

Berücksichtigen wir jetzt diese Drehbewegungen, so erhalten wir an der Stelle von (29)
die neuen Evolutionsgleichungen der Drehbewegungen des Satelliten in der Form

$$\frac{d\rho}{d\tau} \;=\; K_\Omega \sin i \sin \Sigma \;,$$

$$\frac{d\Sigma}{d\tau} \;=\; 2K_g \cos\rho - K_\Omega \left(\cos i - \sin i\,\mathrm{ctg}\rho \cos\Sigma\right) \;, \tag{31}$$

$$\Sigma \;=\; \sigma + \omega_\pi - \frac{\pi}{2} \;; \quad K_g \;=\; \frac{3}{8}\,\frac{(A-C)\omega_0}{L_0(1-e^2)^{3/2}}\left(3\cos^2\vartheta_0 - 1\right) \;.$$

Diese Beziehungen (31) können auch als

$$\frac{d\rho}{d\tau} = -\frac{1}{L_0 \sin\rho}\cdot\frac{\partial\Phi}{\partial\Sigma} \;, \quad \frac{d\Sigma}{d\tau} = \frac{1}{L_0 \sin\rho}\cdot\frac{\partial\Phi}{\partial\rho} \;,$$

$$\Phi = -L_0 K_g \cos^2\rho + L_0 K_\Omega \left(\cos i \cos\rho + \sin i \sin\rho \sin\Sigma\right) \tag{32}$$

dargestellt werden.

Die Gleichungen (31) enthalten ein erstes Integral

$$\Phi(\rho,\Sigma) = \Phi_0 \;, \tag{33}$$

durch das die Trajektorien des Drallvektors beschrieben werden. Jede Trajektorie ist geschlossen. Dabei sind nur zwei Typen von Trajektorienmengen möglich (Bild 3): 1. Trajektorien mit zwei, bzw. 2. mit vier stationären Punkten. Diese stationären Punkte lassen sich durch

$$\Sigma = 0, \pi \;; \quad \rho = \rho_0 \;; \tag{34}$$

$$K_g \sin 2\rho_0 - K_\Omega \sin(\rho_o \mp i) = 0 \tag{35}$$

gewinnen.

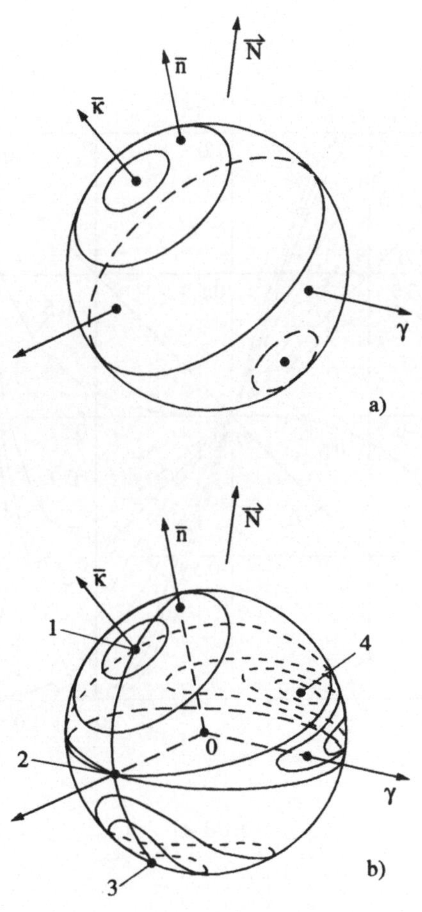

**Bild 3**

Bild 4 zeigt eine graphische Auswertung von Gleichung (35) in der Ebene [$\cos \rho_0, \cos i$] für verschiedene Parameterwerte $|\kappa|$ mit $\kappa = -\frac{K_\varrho}{K_\Omega}$.

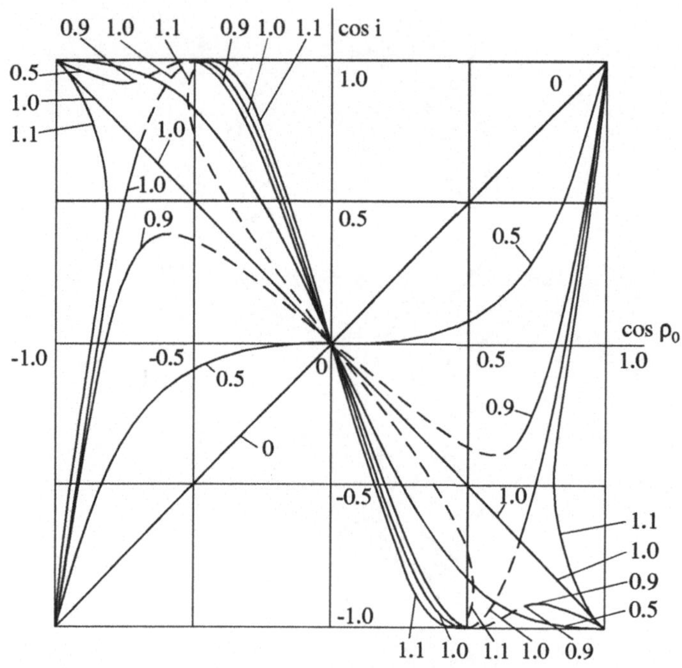


**Bild 4**

Man sieht, daß die Trajektorienmenge (33) nur zwei stationäre Punkte hat, wenn

$$|2\kappa|^{2/3} < \sin^{2/3} i + \cos^{2/3} i \tag{36}$$

und vier stationäre Punkte, wenn

$$|2\kappa|^{2/3} > \sin^{2/3} i + \cos^{2/3} i \ . \tag{37}$$

Im ersten Fall sind beide stationäre Punkte stabil; im zweiten Fall haben wir drei stabile und einen instabilen stationären Punkt.

Anmerkung: Die Gleichungen (34) – (35) und Ungleichungen (36) – (37) haben eine für die Theorie von Satellitendrehbewegungen typische Struktur. Ähnliche Gleichungen erhält man zum Beispiel bei der Untersuchung von Drehbewegungen der Satelliten unter dem Einfluß von aerodynamischen Feldern, Magnet- und Gravitationsfeldern [2], und auch in der Theorie der Resonanzdrehbewegungen von Himmelskörpern mit den verallgemeinerten Cassinisätzen [3].

## 6  Zur Theorie der Präzession und Nutation der Erdachse

Die Drehbewegung der Erde erfolgt unter dem Einfluß der Gravitationsmomente von Sonne und Mond.

In Bild 5 sind die im folgenden verwendeten Koordinaten und Winkel dargestellt. Dabei ist

$\rho$      – der Winkel zwischen dem Drallvektor $L$ der Erde und der Normalen $n$ zur Mondbahnebene,

$\Sigma$      – der Winkel zwischen der Projektion von $L$ auf die Mondbahnebene und der Knotenlinie, also ein Drehwinkel des Drallvektors $L$ um $n$,

$\Delta$      – der Winkel zwischen $L$ und der Normalen $N$ zur Ebene der Ekliptik,

$\alpha$      – der Winkel zwischen der Projektion von $L$ auf die Ebene der Ekliptik und der Knotenlinie, also ein Drehwinkel des Drallvektors $L$ um $N$,

$i$      – die Neigung der Mondbahnebene zur Ebene der Ekliptik.

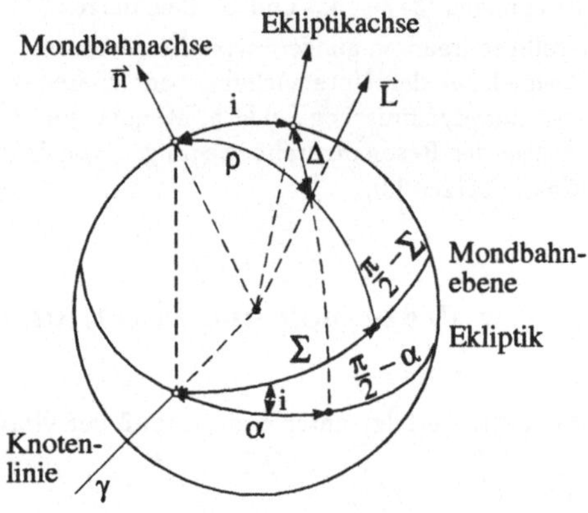


**Bild 5**

Nach Bild 5 gelten die Zusammenhänge

$$\cos \Delta = \cos i \cos \rho + \sin i \sin \rho \sin \Sigma \; , \tag{38}$$

und

$$\cos \rho = \cos i \cos \Delta - \sin i \sin \Delta \sin \alpha \; . \tag{39}$$

Weiter bezeichnen wir mit

$C$ und $A$      –    die Trägheitsmomente der Erde um die Erdachse
bzw. um eine dazu senkrechte Achse,

$m_M$ und $m_E$    –    die Mond- bzw. Erdmasse,

$e_M$ und $e_E$    –    die Mond- bzw. Erdbahnexzentrizität,

$\vartheta_0$      –    den Winkel zwischen $L$ und der Erdachse ($\vartheta_0 \approx 0$),

$L_0$      $=$    $|L_0|$,

$\omega_M$ und $\omega_E$    –    die mittlere Winkelgeschwindigkeit der Mond- bzw.
Erdbahnbewegung,

$\dot\Omega$      –    die Winkelgeschwindigkeit der Präzession der Mondebene,
bedingt durch Störungen von der Sonne
(mit einer Periode $T = 18,6$ Jahre).

Wir führen noch die Parameter

$$K_M = \frac{3}{8}\frac{A-C}{L_0}\left(3\cos^2\vartheta_0 - 1\right)\frac{m_M}{m_M + m_E}\cdot\frac{\omega_M}{\left(1-e_M^2\right)^{3/2}}\,,$$

$$K_S = \frac{3}{8}\frac{A-C}{L_0}\left(3\cos^2\vartheta_0 - 1\right)\frac{\omega_E^2}{\omega_M\left(1-e_E^2\right)^{3/2}}\,, \tag{40}$$

$$K_\Omega = \frac{\dot\Omega}{\omega_M}$$

ein und betrachten eine Funktion

$$\Phi = -L_0 K_M \cos^2\rho - L_0 K_S \cos^2\Delta + L_0 K_\Omega \cos\Delta\,, \tag{41}$$

wobei $\cos\Delta$ durch die Formel (38) definiert ist.

Man kann jetzt mit $\Phi(\rho,\Sigma)$ nach (41) die Evolutionsgleichungen in der Form (32) darstellen und erhält analog zu (34) ein erstes Integral

$$\Phi(\rho, \Sigma) = \Phi_0 \ , \tag{42}$$

das eine Menge von Trajektorien beschreibt.

*Alle Drallvektortrajektorien sind geschlossen bezüglich der präzessierenden Mondbahnebene.*

In der klassischen Theorie haben Präzession und Nutation der Erdachse diesen Effekt nicht beschrieben. Aus (41), (32), (38), (39) mit $\vartheta_0 \approx 0$, $\cos i \simeq 1$, $\sin^2 i \simeq 0$, $\sin i \neq 0$, $\tilde{\alpha} = \alpha + K_\Omega \tau$ folgen sofort die klassischen Gleichungen der Präzession und Nutation der Erdachse

$$\frac{d\Delta}{d\tau} \ = \ -2K_M \sin i \cos \Delta \cos (\tilde{\alpha} - K_\Omega \tau) \ ,$$

$$\frac{d\tilde{\alpha}}{d\tau} \ = \ 2 (K_M + K_S) \cos \Delta + 2K_M \sin i \frac{\cos 2\Delta}{\sin \Delta} \sin (\tilde{\alpha} - K_\Omega \tau) \ , \tag{43}$$

deren Lösung in erster Näherung die Präzession liefert

$$\Delta \ = \ \Delta_0 \ ,$$

$$\frac{d\tilde{\alpha}}{d\tau} \ = \ 2 (K_M + K_S) \cos \Delta_0 \ \overset{\Delta}{=} \ \omega_P \ . \tag{44}$$

In zweiter Näherung bekommen wir die klassischen Formeln über Präzession und Nutation:

$$\Delta \ = \ \Delta_0 + \delta\Delta \ , \quad \tilde{\alpha} = \omega_P \tau + \delta\alpha \ ,$$

$$\delta\Delta \ = \ -2K_M \sin i \cos \Delta_0 \frac{\sin (\omega_P - K_\Omega) \tau}{\omega_P - K_\Omega} \ , \tag{45}$$

$$\delta\alpha \ = \ -2K_M \sin i \frac{\cos 2\Delta_o}{\sin \Delta_0} \cdot \frac{\cos (\omega_P - K_\Omega) \tau}{\omega_P - K_\Omega} \ .$$

Für die Erdachse beträgt die Präzessionsperiode ungefähr 26.000 Jahre, die Nutations-
periode ca. 18,6 Jahre.

Unsere Gleichungen (32), (41) gelten aber allgemein für beliebige Satelliten im Feld
von zwei Gravitationszentren, wie zum Beispiel für einen Erdsatelliten im Erd-Mond-
Feld. Dies kann zu sehr verschiedenen Werten der Nutations- und Präzessionsfrequenz
führen.

## 7 Der Einfluß des Gezeitenmoments auf die Evolution der Drehbewegung

Wir berücksichtigen jetzt zusätzlich ein Dissipationsmoment, nämlich das Gezeitenmoment, und studieren seinen Einfluß auf die Evolution der Drehbewegung eines Himmelskörpers.

Das Gezeitenmoment kann über die Beziehung

$$M = \frac{\delta}{r^6} \left[ \boldsymbol{\omega}_b \times \boldsymbol{e}_r \right] \times \boldsymbol{e}_r \tag{46}$$

modelliert werden [4]. Hier sind $\boldsymbol{\omega}_b$ die relative Winkelgeschwindigkeit des Him-
melskörpers, $\boldsymbol{e}_r = \frac{\boldsymbol{r}}{r}$, $r = |\boldsymbol{r}|$, $\boldsymbol{r}$ ein Bahnradiusvektor, $\delta = \text{const}$. Damit haben wir mit
(13) die Evolutionsgleichungen in der Form [4]:

$$\frac{dL}{dt} = \frac{\delta}{P^6} \left\{ v_1 \omega_0 \cos\rho - (1 - e^2)^{3/2} L \left[ v_2 \left( 1 - \frac{1}{2} \sin^2\rho \right) \right. \right.$$
$$\left. \left. - \frac{v_3}{2} \sin^2\rho \cos 2\sigma \right] \cdot \left[ \frac{\sin^2\vartheta}{A} + \frac{\cos^2\vartheta}{C} \right] \right\},$$

$$\frac{d\rho}{dt} = \frac{\delta}{2LP^6} \sin\rho \left\{ -2\omega_0 v_1 + (1 - e^2)^{3/2} L \left[ \frac{\sin^2\vartheta}{A} + \frac{\cos^2\vartheta}{C} \right] \cos\rho \, (v_2 + v_3 \cos 2\sigma) \right\},$$

$$\frac{d\sigma}{d\tau} = -\frac{\delta}{2P^6} (1 - e^2)^{3/2} v_3 \sin 2\sigma \left[ \frac{\sin^2\vartheta}{A} + \frac{\cos^2\vartheta}{C} \right],$$

$$\frac{d\vartheta}{dt} = \frac{\delta}{4P^6} \sin\vartheta \cos\vartheta \left( \frac{1}{A} - \frac{1}{C} \right) (1 - e^2)^{3/2} \left[ v_2 \left( \cos^2\rho - 3 \right) - v_3 \sin^2\rho \cos 2\sigma \right]$$

(47)

mit

$$v_1 = 1 + \frac{15}{2}e^2 + \frac{45}{8}e^4 + \frac{5}{16}e^6 \; ; \quad v_2 = 1 + 3e^2 + \frac{3}{8}e^4 \, , \quad v_3 = \frac{3}{2}e^2 + \frac{e^4}{4} \, , \qquad (48)$$

und $\omega_0 = \frac{2\pi}{T}$, $T$ Bahnperiode, $P$ Bahnparameter, $e$ Bahnexzentrizität.

Aus der dritten Gleichung in (47) folgt $\sigma \to 0$ oder $\sigma \to \pi$. Gewöhnlich ist für natürliche Himmelskörper $C > A$. Dies führt wegen der vierten Gleichung in (47) zu $\vartheta \to 0$ oder $\vartheta = \pi$, also zu einer axialen Drehbewegung. Damit verbleiben als Hauptevolutionsgleichungen aus (47)

$$\frac{dL}{dt} = \frac{\delta}{P^6 \cdot C} \left\{ v_1 \omega_0 \cos\rho - (1 - e^2)^{3/2} L \left[ v_2 - \frac{1}{2}(v_2 + v_3)\sin^2\rho \right] \right\} \, ,$$

$$ (49) $$

$$\frac{d\rho}{dt} = \frac{\delta}{2LP^6} \sin\rho \left\{ -2\omega_0 v_1 + (1 - e^2)^{3/2} \frac{L}{C} \cos\rho \cdot (v_2 + v_3) \right\} \, .$$

Diese Gleichungen beschreiben die Evolutionsbewegung und zeigen, daß für $t \to \infty$ die Variablen $\rho$ und $L$ die Werte

$$\rho = 0 \, , \quad \frac{L}{C\omega_0} = \frac{1 + \frac{15}{2}e^2 + \frac{45}{8}e^4 + \frac{5}{16}e^6}{(1 - e^2)^{3/2}\left(1 + 3e^2 + \frac{3}{8}e^4\right)} \qquad (50)$$

annehmen. Dies bedeutet, daß die Bewegung in eine gerade Achsendrehung mit Winkelgeschwindigkeit $\zeta_0 = \frac{L}{C\omega_0}$ (50) um die Bahnnormale übergeht.

Wenn sich der Himmelskörper längs einer Kreisbahn bewegt, dann ist $e = 0$, und die Gleichungen (49) besitzen ein erstes Integral:

$$\frac{\zeta_0^2 \sin^2\rho}{\zeta_0 \cos\rho - 1} = \text{const.} \; ; \quad \zeta_0 = \frac{L}{C\omega_0} \, . \qquad (51)$$

Bild 6 zeigt die Integralkurven von (49) zusammen mit den heutigen Phasenkooridnaten von Erde, Uranus und Venus.

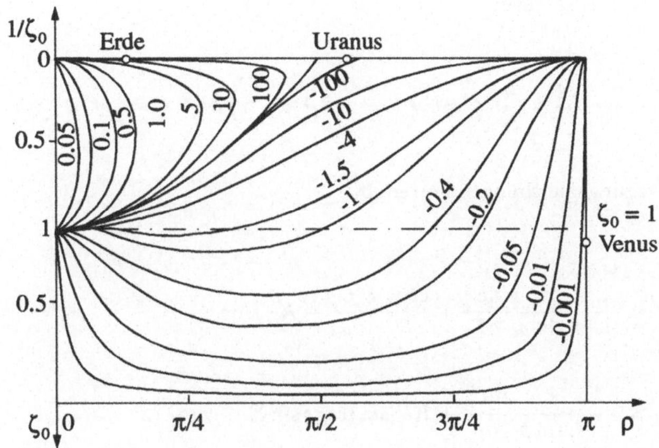


**Bild 6**

## 8   Resonanzdrehbewegungen des Himmelskörpers und die verallgemeinerten Cassinisätze

Das Mittelpotential $\tilde{U}$ in der Form (24) ist nur gültig, wenn die Drehbewegungen nichtresonant sind. Es ist aber möglich, daß die Variable $\psi$ die Gleichung

$$\psi = \frac{1}{2}k\omega_0 t + \delta \ , \quad |\delta| < \delta_* \ , \quad k = 1, 2, 3 \ldots \tag{52}$$

erfüllt. Man sagt dann, daß eine "$k : 2$-Resonanz" zwischen der Präzessionswinkelgeschwindigkeit $\dot{\psi}$ und der Bahnwinkelgeschwindigkeit $\omega_0$ auftritt. In diesem Fall kann $\dot{\psi}$

nicht mehr als schnelldrehend angesehen werden. Wir führen deswegen einen kleinen Parameter $\varepsilon$ in die Gleichungen

$$A = I + \varepsilon A' \ , \quad B = I + \varepsilon B' \ , \quad C = I + \varepsilon C' \tag{53}$$

ein, was bedeutet, daß unser Himmelskörper quasikugelförmig ist. Damit erhält das Mittelpotential $\tilde{U}$ die Form

$$[U] = \frac{1}{2\pi} \int_0^{2\pi} U\left(\ldots, \frac{k}{2}\tau + \delta \ , \ \tau\right) d\tau \ , \quad \tau = \omega_0 t \ , \tag{54}$$

und die Bewegungsgleichungen lauten [3]:

$$\frac{d\rho}{dt} = -\frac{1}{L\sin\rho}\frac{\partial[U]}{\partial\Sigma} + \frac{\operatorname{ctg}\rho}{L}\frac{\partial[U]}{\partial\kappa} - K_\Omega \sin i \cos\Sigma \ ,$$

$$\frac{d\Sigma}{dt} = -\frac{1}{L\sin\rho}\frac{\partial[U]}{\partial\rho} + K_\Omega\left[\sin i\operatorname{ctg}\rho\sin\Sigma - \cos i\right] \ ,$$

$$\frac{dL}{dt} = \frac{\partial[U]}{\partial\kappa} \ ,$$

$$\tag{55}$$

$$\frac{d\kappa}{dt} = -\left(\frac{k}{2}\omega_0 + K_\omega\right) + L\left(\frac{\sin^2\varphi}{A} + \frac{\cos^2\varphi}{B}\right) - $$
$$\qquad -\frac{1}{L}\left(\frac{\partial[U]}{\partial\rho}\operatorname{ctg}\rho + \frac{\partial[U]}{\partial\vartheta}\operatorname{ctg}\vartheta\right) - K_\Omega \sin i\frac{\sin\Sigma}{\sin\rho} \ ,$$

$$\frac{d\vartheta}{dt} = L\sin\vartheta\sin\varphi\cos\varphi\left(\frac{1}{A} - \frac{1}{B}\right) + \frac{1}{L\sin\vartheta}\left(\cos\vartheta\frac{\partial[U]}{\partial\kappa} - \frac{\partial[U]}{\partial\varphi}\right) \ ,$$

$$\frac{d\varphi}{dt} = L\cos\vartheta\left(\frac{1}{C} - \frac{\sin^2\varphi}{A} - \frac{\cos^2\varphi}{B}\right) + \frac{1}{L\sin\vartheta}\frac{\partial[U]}{\partial\vartheta} \ .$$

Hier ist

$$\kappa = \psi - \frac{k}{2}\omega_0 t - \omega_\pi = \delta - \omega_\pi \ , \quad \frac{d\kappa}{dt} = \frac{d\delta}{dt} - K_\omega \ , \quad \delta + \sigma = \kappa + \Sigma \ . \tag{56}$$

Die Rotation der Bahnebene im Raum ist hier wieder durch die Winkelgeschwindigkeit $\frac{d\Omega}{dt}\,\hat{=}\,K_\Omega$ berücksichtigt, die Drehgeschwindigkeit der Bahn innerhalb der Bahnebene ebenfalls durch $\frac{d\omega_\pi}{dt}\,\hat{=}\,K_\omega$.

Für das Mittelpotential $[U]$ in (55) erhält man

$$[U] \ = \ \frac{3}{2}\omega_0^2 \left\{ (A-B)\left[\gamma'^2\right] + (A-C)\left[\gamma''^2\right] \right\} \ , \tag{57}$$

$$[\gamma'^2] \ \approx \ a_{00} + a_{22}\sin 2(\kappa + \Sigma) + b_{22}\cos 2(\kappa + \Sigma) \ ,$$

$$a_{00} \ = \ \frac{1}{2}\left(1 - \sin^2\vartheta\cos^2\varphi\right) + \frac{1}{4}\sin^2\rho\left(3\sin^2\vartheta\cos^2\varphi - 1\right) \ ,$$

$$a_{22} \ = \ \frac{\Phi_K(e)}{4}\sin\varphi\cos\varphi\cos\vartheta(1 + \cos\rho)^2 \ ,$$

$$b_{22} \ = \ \frac{1}{8}(1 + \cos\rho)^2\left[\sin^2\varphi - \cos^2\varphi\cos^2\vartheta\right] \ ,$$

$$[\gamma''^2] \ \approx \ \frac{1}{2}\sin^2\vartheta + \frac{1}{4}\sin^2\rho\left(3\cos^2\vartheta - 1\right) -$$
$$-\frac{\Phi_K(e)}{8}\sin^2\vartheta(1 + \cos\rho)^2\cos 2(\kappa + \Sigma) \ ,$$

wenn man sich nur auf die Hauptglieder beschränkt und in (57) nur Werte von $k = 2$ (mondähnliche Bewegung) und $k = 3$ (merkurähnliche Bewegung) zuläßt. Speziell für diese beiden Resonanzen gilt:

Resonanz 1:1 $(k = 2):$  $\Phi_K(e) = \Phi_2(e) = 1 + 0(e^2)$
Resonanz 3:2 $(k = 3):$  $\Phi_K(e) = \frac{7}{2}e + 0(e^3)$

Die Gleichungen (55) – (57) haben als stationäre Lösung die Bewegung

$$\vartheta = \vartheta_0 \ , \quad \varphi = \varphi_0 \ , \quad L = L_0 \quad \rho = \rho_0 \ , \quad \Sigma = \Sigma_0 \ , \quad \kappa = \kappa_0 \tag{58}$$

mit folgenden Eigenschaften:

1. $\quad \vartheta_0 = \dfrac{\pi}{2} \ , \quad \varphi_0 = 0 \ ,$

$$\frac{L_0}{B} = \frac{k}{2}\omega_0 + K_\omega + K_\Omega \cos(i \pm \rho_0) \ , \quad k = 2,3 \ ,$$

2. $\quad \dfrac{1}{L_0 \sin \rho_0} \left( \dfrac{\partial [U]}{\partial \rho} \right)_0 + K_\Omega \left[ \pm \sin i \operatorname{ctg}\rho_0 - \cos i \right] = 0 \ ,$ $\tag{59}$

3. $\quad \Sigma_0 = \dfrac{\pi}{2} \ , \quad \dfrac{3\pi}{2} \ ,$

4. $\quad \kappa_0 = 0 \ , \ \pi \ .$

Diese Eigenschaften (59), 1. – 4., nennen wir die verallgemeinerten Cassinisätze. Sie beinhalten als einen Sonderfall die von Cassini 1693 empirisch gefundenen Gesetze für den Mond. Die Gleichungen (55) – (57) mit den Lösungen (58) – (59) liefern somit eine hinreichend strenge nichtlineare Begründung für diese empirisch gefundenen Sätze [3].

Die in (59) angegebenen Beziehungen beschreiben im einzelnen die folgenden Eigenschaften:

1. Erster verallgemeinerter Cassinisatz: Wegen $K_\omega, K_\Omega \ll \omega_0$ drehen die Himmelskörper um eine Hauptträgheitsachse mit der resonanten Winkelgeschwindigkeit $\Omega = \frac{L_0}{B} \approx \omega_0$ (Mond) bzw. $\Omega = \frac{L_0}{B} \approx \frac{3}{2}\omega_0$ (Merkur).

2. Zweiter verallgemeinerter Cassinisatz: Der Winkel $\rho_0(i)$ zwischen der Drehachse und der Normalen zur Bahnebene ist konstant. Mit (57) und den Abkürzungen

$$\alpha = \frac{3}{8}\frac{\omega_0^2 \Phi_K}{L_0 K_\Omega}(A - C) \;,$$

$$\beta = \frac{3}{8}\frac{\omega_0^2}{L_0 K_\Omega}\left\{[3B - (2 + \Phi_K)C] + [B - (2 - \Phi_K)A]\right\} \;,$$

$$(60)$$

$$\chi = \frac{\beta}{\sqrt{\sin^2 i + (\alpha + \cos i)^2}} \;, \quad \cos\rho^* = \frac{\cos i + \alpha}{\sqrt{\sin^2 i + (\alpha + \cos i)^2}} \;,$$

$$\sin\rho^* = \frac{\sin i}{\sqrt{\sin^2 i + (\alpha + \cos i)^2}} \;,$$

erhalten wir aus (59), 2. analog zu (35) die Gleichung

$$\sin(\rho_0 \mp \rho^*) + \frac{1}{2}\chi \sin 2\rho_0 = 0 \;.$$

$$(61)$$

Wenn

$$\cos^{2/3}\rho_* + \sin^{2/3}\rho_* < \chi^{2/3} \;,$$

$$(62)$$

dann hat Gleichung (61) vier Lösungen, wenn aber

$$\cos^{2/3}\rho_* + \sin^{2/3}\rho_* > \chi^{2/3} \;,$$

$$(63)$$

dann nur zwei.

3. **Dritter verallgemeinerter Cassinisatz:** Die Drehachse des Himmelskörpers normal zu seiner Bahnebene und die Präzessionsachse der Bahnebene liegen in einer einzigen (rotierenden) Ebene. Dies bedeutet auch, daß die Knotenlinien der Bahnebene und des Äquators des Himmelskörpers zusammenfallen (Bild 7). Man nennt dies eine 1:1-Resonanz zwischen Bahn- und Drehachsenpräzession.

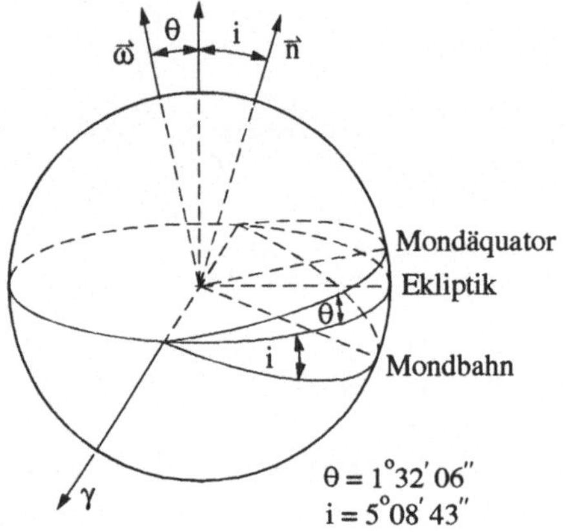


**Bild 7**

4. Für diese Eigenschaft gibt es keine Analogie in den Cassinisätzen. Sie wird normalerweise als Satz "der zusammenfallenden Phasen" bezeichnet. Am Beispiel des Mondes bedeutet dies, daß jedesmal, wenn der Mond sein Perizentrum passiert, der Winkel zwischen einer in der Bahnebene liegenden Trägheitsachse und der Knotenlinie gleich dem Winkel zwischen Bahnvektorradius und derselben Knotenlinie ist. Für den Merkur treffen diese Eigenschaften nach jeder zweiten Bahnperiode zu. Wir bezeichnen diese Trägheitsachse als "verfolgende Achse".

Viele Himmelskörper in der Natur zeigen die mondähnliche Bewegung mit Resonanz 1:1, wie zum Beispiel die Marssatelliten Fobos und Deimos oder einige Monde anderer Planeten. In der Raumfahrttechnik werden diese oder ähnliche Resonanzbewegungen ausgenützt, um Satelliten passiv zu stabilisieren.

Das Stabilitätsproblem der stationären Bewegung (58) – (59) ist in Artikel [3] vollständig untersucht worden.   Im folgenden werden die Hauptresultate dieser Untersuchung beschrieben.

Die notwendigen, nahezu hinreichenden Stabilitätsbedingungen für eine Resonanzbewegung 1:1 lauten:

1. Die Drehachse ist die kurze Achse des Trägheitsellipsoides.

2. Die verfolgende Achse ist die lange Achse des Trägheitsellipsoides.

3. Es muß gelten: $\frac{1}{15}\left[3 + 2\sqrt{6}\right] < \cos\rho_0 < 1$ und $\rho_0 \neq \rho_0^N$, wobei $\rho_0^N$ eine sogenannte "instabile Lösung" von Gleichung (61) ist.

Für die Resonanzbewegung 3:2 gelten die Stabilitätsbedingungen 1. und 2. analog. Zusätzlich zu 3. muß gefordert werden, daß $\rho_0 \neq \pi$; $\rho_0 \neq \rho_0^N$, und 4. $e \neq 0$.

Die Bedingung $\rho_0 \neq \rho_0^N$ bedeutet ausgeschrieben, daß

$$K_\Omega \sin\Sigma_0 \left\{\frac{3}{8}\omega_0^2 \sin^3\rho_0 [3B - (2 + \Phi_K)C + B - (2 - \Phi_K)A] - L_0 K_\Omega \sin\Sigma_0 \sin i\right\} < 0 \quad (64)$$

sein muß.

Die Stabilitätsbedingungen 1., 2. fallen natürlich mit der Ungleichung (8) zusammen.

Im Fall des Mondes haben wir $\Phi_K = \Phi_2 \approx 1$, $\Sigma_0 = \frac{\pi}{2}$, $K_\Omega < 0$. Infolge von (8) wird natürlich auch die Bedingung (64) erfüllt. Für den Merkur gilt $\Sigma_0 = \frac{3}{2}\pi$, $K_\Omega < 0$, $K_\Omega \sin\Sigma_0 > 0$, $\Phi_K = \Phi_3 \approx \frac{7}{2}e$, und wegen (53) $B-C \sim \varepsilon(B'-C')$, $(B-A) \sim \varepsilon(B'-C')$. Darum ist

$$\{\ \ \} = -\left\{\frac{3}{8}\omega_0^3 \sin^3\rho_0 \left(1 - \frac{7}{2}e\right) I + L_0 |K_\Omega| \sin i\right\} + 0(\varepsilon)\ ,$$

und die Bedingung (64) wird ebenfalls erfüllt.

# Literaturverzeichnis zur Vorlesung 5


1. Beletsky, V.V.: Über Satellitenlibration. In: Iskusstrennye sputniki Zemli. ("Künstliche Erdsatelliten"), USSR Akademie Wissenschaft Verlag, N 3, 1959 (in russisch)

2. Beletskii, V.V. (Beletsky, V.V.): Motion of an Artificial Satellite about its Center of Mass, Jerusalem, 1966. Auch: NASA-Transl. Verlag, 1966 (russ. Original 1965)

3. Beletskii, V.V. (Beletsky, V.V.): Resonance Rotation of Celestial Bodies and Cassini Laws. Celestial Mechanics, 1972, V 6, N 3

4. Beletskii, V.V. (Beletsky, V.V.): Tidal Evolution of Inclinations and Rotations of Celestial Bodies. Celestial Mechanics, 1981, V 23, N 3